全国高等职业教育"十三五"规划教材

AutoCAD 2015 项目化教程

主 编 秦 菊 申 红

副主编 赵 艳 张 晓

参 编 吴长福 张怀金 孙云涛

机械工业出版社

本书是编者结合多年的教学工作经验编写的一本项目化教材，介绍了当前流行的绘图工具——AutoCAD 2015 的基本理论与基本操作。全书以项目式内容展开为向导，每个项目都有知识要求及详细的绘图过程，力求做到讲、学、练三步走，激发学生的学习兴趣，培养学生的动手能力。全书分为 11 个项目，每个项目细分为若干任务。第一部分（项目 1）为 AutoCAD 软件介绍，介绍 AutoCAD 用户必备的一些知识；第二部分（项目 2～4）介绍常用的 AutoCAD 基本图形绘制与编辑命令；第三部分（项目 5～7）介绍 AutoCAD 的标注和分组；第四部分（项目 8～10）介绍了 AutoCAD 的三维部分；第五部分（项目 11）介绍了 AutoCAD 的实战经验和技巧。全书项目内容是按照由简单到复杂，由单一到综合，由非标准化到标准化作图的过程进行编排的。本书项目包括若干案例及案例分析，以便教师组织学生练习。

本书适合高职高专及成人高校建筑、土木类专业学生使用，也可供工程技术人员参考。本书配有授课电子课件和配套素材文件，需要的教师可登录机械工业出版社教育服务网 www.cmpedu.com 免费注册后下载，或联系编辑索取（QQ: 1239258369，电话: 010-88379739）。

图书在版编目（CIP）数据

AutoCAD 2015 项目化教程 / 秦菊，申红主编. —北京：机械工业出版社，2017.4
全国高等职业教育"十三五"规划教材
ISBN 978-7-111-56239-9

Ⅰ. ①A…　Ⅱ. ①秦…　②申…　Ⅲ. ①AutoCAD 软件－高等职业教育－教材
Ⅳ. ①TP391.72

中国版本图书馆 CIP 数据核字（2017）第 042815 号

机械工业出版社（北京市百万庄大街 22 号　邮政编码 100037）

策划编辑：曹帅鹏　　责任编辑：曹帅鹏

责任校对：张艳霞　　责任印制：李　昂

河北鹏盛贤印刷有限公司印刷（装订）

2017 年 4 月第 1 版 • 第 1 次印刷

184mm×260mm • 12.25 印张 • 285 千字

0001－3000 册

标准书号：ISBN 978-7-111-56239-9

定价：33.00 元

全国高等职业教育规划教材机电专业
编委会成员名单

出 版 说 明

《国务院关于加快发展现代职业教育的决定》指出：到 2020 年，形成适应发展需求、产教深度融合、中职高职衔接、职业教育与普通教育相互沟通，体现终身教育理念，具有中国特色、世界水平的现代职业教育体系，推进人才培养模式创新，坚持校企合作、工学结合，强化教学、学习、实训相融合的教育教学活动，推行项目教学、案例教学、工作过程导向教学等教学模式，引导社会力量参与教学过程，共同开发课程和教材等教育资源。机械工业出版社组织全国 60 余所职业院校（其中大部分是示范性院校和骨干院校）的骨干教师共同策划、编写并出版的"全国高等职业教育规划教材"系列丛书，已历经十余年的积淀和发展，今后将更加紧密地结合国家职业教育文件精神，致力于建设符合现代职业教育教学需求的教材体系，打造充分适应现代职业教育教学模式的、体现工学结合特点的新型精品化教材。

"全国高等职业教育规划教材"涵盖计算机、电子和机电三个专业，目前在销教材 300 余种，其中"十五""十一五""十二五"累计获奖教材 60 余种，更有 4 种获得国家级精品教材。该系列教材依托于高职高专计算机、电子、机电三个专业编委会，充分体现职业院校教学改革和课程改革的需要，其内容和质量颇受授课教师的认可。

在系列教材策划和编写的过程中，主编院校通过编委会平台充分调研相关院校的专业课程体系，认真讨论课程教学大纲，积极听取相关专家意见，并融合教学中的实践经验，吸收职业教育改革成果，寻求企业合作，针对不同的课程性质采取差异化的编写策略。其中，核心基础课程的教材在保持扎实的理论基础的同时，增加实训和习题以及相关的多媒体配套资源；实践性较强的课程则强调理论与实训紧密结合，采用理实一体的编写模式；涉及实用技术的课程则在教材中引入了最新的知识、技术、工艺和方法，同时重视企业参与，吸纳来自企业的真实案例。此外，根据实际教学的需要对部分课程进行了整合和优化。

归纳起来，本系列教材具有以下特点：

1）围绕培养学生的职业技能这条主线来设计教材的结构、内容和形式。

2）合理安排基础知识和实践知识的比例。基础知识以"必需、够用"为度，强调专业技术应用能力的训练，适当增加实训环节。

3）符合高职学生的学习特点和认知规律。对基本理论和方法的论述容易理解、清晰简洁，多用图表来表达信息；增加相关技术在生产中的应用实例，引导学生主动学习。

4）教材内容紧随技术和经济的发展而更新，及时将新知识、新技术、新工艺和新案例等引入教材。同时注重吸收最新的教学理念，并积极支持新专业的教材建设。

5）注重立体化教材建设。通过主教材、电子教案、配套素材光盘、实训指导和习题及解答等教学资源的有机结合，提高教学服务水平，为高素质技能型人才的培养创造良好的条件。

由于我国高等职业教育改革和发展的速度很快，加之我们的水平和经验有限，因此在教材的编写和出版过程中难免出现问题和疏漏。我们恳请使用这套教材的师生及时向我们反馈质量信息，以利于我们今后不断提高教材的出版质量，为广大师生提供更多、更适用的教材。

机械工业出版社

前　言

AutoCAD（Autodesk Computer Aided Design）是 Autodesk（欧特克）公司首次于 1982 年开发的计算机辅助设计软件，用于二维绘图、详细绘制、设计文档和基本三维设计，现已经成为国际上广为流行的绘图工具。AutoCAD 具有良好的用户界面，通过交互菜单或命令行方式便可以进行各种操作。它的多文档设计环境，让非计算机专业人员也能很快地学会使用。在不断实践的过程中更好地掌握它的各种应用和开发技巧，从而不断提高工作效率。AutoCAD 具有广泛的适应性，它可以在支持各种操作系统的微型计算机和工作站上运行。

本教材是汇聚了编者多年的教学经验和工作经验而编写的，内容简明扼要，真实可靠，适合各个水平人群阅读学习。以项目为导向，在编写上与传统教材有很大区别，全书项目内容是按照由简单到复杂，由单一到综合，由非标准化到标准化作图的过程进行编排的。书中的案例内容完整，结构严谨，真实可用，自成体系。

本书编创力求严谨，尽管作者力求完善，但书中难免有错漏之处，欢迎广大读者尤其是任课教师提出批评意见和建议，我们将不胜感激。

编　者

目　　录

X

项目 1　初识 AutoCAD 2015

本项目要点
- AutoCAD 2015 的新增功能
- 软件的安装
- 软件主要的工作界面
- 直角坐标系和极坐标、绝对坐标和相对坐标

任务 1.1　AutoCAD 2015 的新增功能介绍

1. AutoCAD 2015 简介

计算机辅助设计，是利用计算机及其图形设备帮助设计人员进行设计工作，简称 CAD。其中，应用最广泛的软件就是全球二维和三维设计、工程及娱乐软件的领导者 Autodesk 公司开发的 AutoCAD 软件。此软件具有易于掌握、使用方便、体系结构开放等特点，能够绘制二维图形与三维图形、标注尺寸、渲染图形以及打印输出图纸。

AutoCAD 2015 是 Autodesk 公司推出的 CAD 设计软件包，该公司的 CAD 产品一直在同类软件中属于佼佼者，同时 Autodesk 公司每年都会发布新版本的 AutoCAD，强大的技术支持使软件功能逐渐强大、日趋完善，得到了广大用户的高度认可。AutoCAD 2015 具有人性化的设计界面、良好的互动操作方式、强大的设计能力，最大限度地满足用户的需求，在各行各业有着广泛的应用。如今，AutoCAD 已广泛应用于机械、建筑、电子、航天、造船、石油化工、土木工程、冶金、农业、气象、纺织、轻工业等工程领域。

2. 认识 AutoCAD 2015 的新增功能

Autodesk 公司有一个惯性，前一年上半年发布下一年年号版本的 AutoCAD 产品，AutoCAD 2015 也不例外。AutoCAD 2015 软件中新增的特性主要有以下几点。

1）深色主题界面方案：极具现代感的深色调界面，在有效缓解视觉疲劳的同时也烘托了画面色彩本身的魅力。

2）功能区图表：在 AutoCAD 2015 中，Autodesk 为插入图块和改变样式添加了图表预览功能，用户可以直接插入选择的内容，而无需使用对话框。

3）新选项卡页面：当用户启动 AutoCAD 2015 时，会发现界面中有两个选项卡：了解和创建。用户可以快速打开新的和现有的图形，并访问大量的设计元素。

4）命令预览：在提交命令之前，先预览常用命令的结果。命令预览能通过评估潜在的命令更改（例如 OFFSET、FILLET 和 TRIM），减少撤销命令的次数。

5）套索选择工具：AutoCAD 2015 添加了新的套索选择工具。单击图形的空白区域，并围绕要选择的对象进行拖动。

6）联机地图：从图形区域内部直接访问联机地图，用户可以将其捕获为静态图像并进行打印，可以包含在最终图像中，也可以打印到纸张或创建包含地理位置地图的 PDF 文件。

7）设计提要：增强功能包括可以在 Internet 或云连接上使用设计提要。设计和对话处于同一位置，但在发送最终图形时，可以选择是否随对话一起发送。

任务 1.2 AutoCAD 2015 的安装、启动与退出

1．AutoCAD 2015 的安装

安装软件之前，需要先查看电脑的操作系统是 32 位还是 64 位。简单的操作方法是鼠标右击"我的电脑"图标查看属性。如果是 64 位操作系统，则需要对应安装 64 位的 AutoCAD 2015 版本。

AutoCAD 2015 的安装步骤如下：

1）双击解压 AutoCAD 软件，解压后会自动弹出安装对话框，如不弹出，可到解压目标文件夹双击"Setup"进入安装对话框，单击"安装"按钮。如图 1-1 所示。

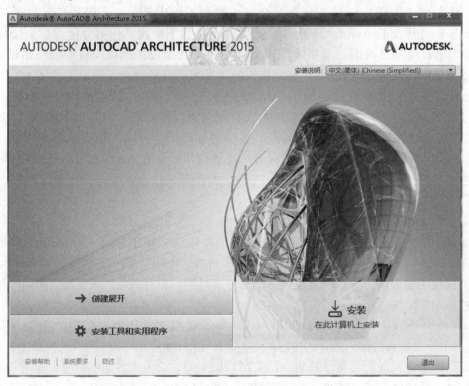

图 1-1　安装界面 1

2）阅读许可及服务协议后选择"我接受"，然后单击"下一步"按钮。如图 1-2 所示。

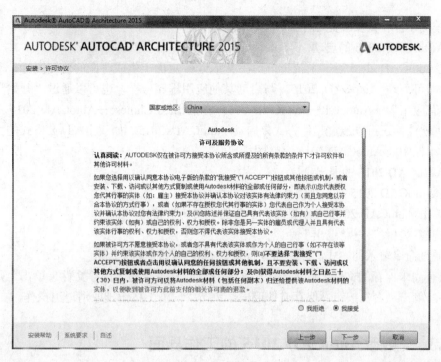

图 1-2　安装界面 2

3）选择要安装的 CAD 组件和设置安装途径后，单击"安装"按钮。如图 1-3 所示。

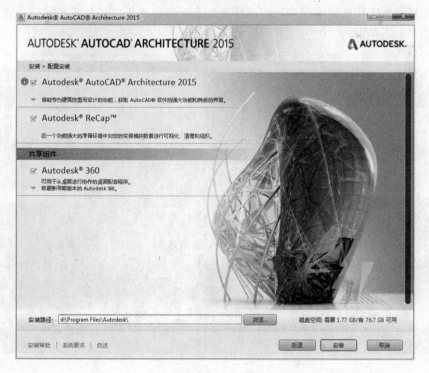

图 1-3　安装界面 3

4）按提示操作，安装完成。

2．Auto CAD 2015 的启动

安装 AutoCAD 2015 后，系统会自动在 Windows 桌面上生成对应的快捷图标，双击该快捷图标，即可启动 AutoCAD 2015。与启动其他应用程序一样，也可以通过"开始"菜单中选择"所有应用"→Autodesk→AutoCAD 2015-Simplified Chinese→AutoCAD 2015 命令启动 AutoCAD 软件。还可以通过其他方式来启动 AutoCAD 2015，如双击*.dwg 格式的文件、单击快速启动栏中的 AutoCAD 2015 缩略图标等。

3．AutoCAD 2015 的退出

退出 AutoCAD 2015 有三种方式。

1）单击 AutoCAD 2015 操作界面右上角的"关闭"按钮；

2）选择"文件"→"退出"命令；

3）通过命令输入的方式，即在命令行输入 quit 命令后按回车键。

如果有尚未保存的文件，则弹出"是否保存"对话框，提示保存文件。单击"是"按钮保存文件，单击"否"按钮不保存文件退出，单击"取消"按钮则取消退出操作。

任务 1.3　熟悉 AutoCAD 2015 的工作界面

启动 AutoCAD 2015 后出现如图 1-4 所示新的启动界面，其包含"了解"和"创建"两个选项卡。默认显示"创建"选项卡，单击"开始绘制"按钮可以快速进入新建的图形文件；可以选择样板右侧的向下箭头，弹出样板列表，选择样板以新建图形文件。该界面中可以直接选择"最近使用的文档"打开图形文件。

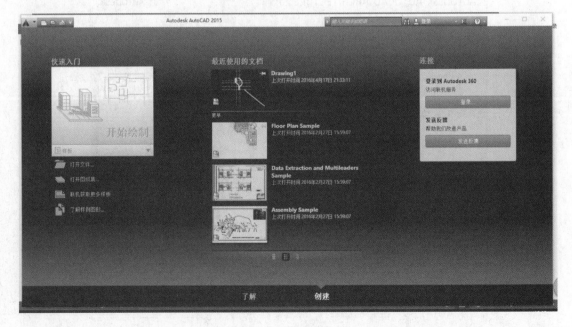

图 1-4　启动界面

新建一个图形文件或者打开已有的图形文件后会进入如图 1-5 所示的绘图界面。其中，此界面默认工作空间为"草图与注释",是不含菜单栏、工具栏、选项板的,需要的时候可以再打开。

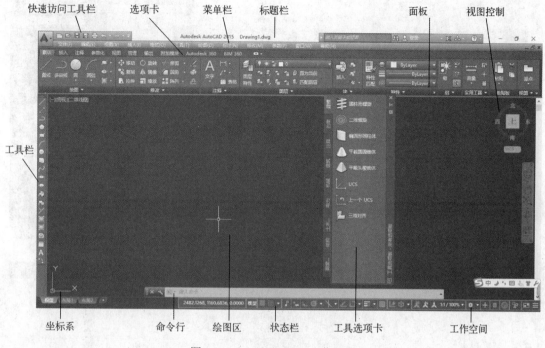

图 1-5 AutoCAD 2015 工作界面

1.3.1 标题栏

在 AutoCAD 2015 绘图窗口的最上端是标题栏。在标题栏中,显示了系统当前正在运行的应用程序(AutoCAD 2015)和用户正在使用的图形文件(如 Drawing1.dwg)。

1.3.2 菜单栏

单击"快速访问工具栏"最右侧的向下箭头,选择"显示菜单栏",如图 1-6 所示,或者在命令行执行 menubar 命令,设置系统变量值为 1,即可显示出菜单选项。

AutoCAD 2015 共包括 12 个下拉菜单,这些菜单几乎包含了 AutoCAD 的所有制图命令,选取其中的某个选项,系统就执行相应的命令。如图 1-7 所示。其中,黑色字符标明的菜单项表示该项可用为有效菜单,用灰色字符标明的菜单项为无效菜单,表示该项暂时不可用,需要选定合乎要求的对象之后才能使用。

如果某菜单项右侧带有省略号"…",表示选取该项后将会打开一个对话框,通过对话框可为该命令的操作指定参数。如图 1-7 所示。

如果某菜单项右侧带有"▶"符号,表示该项还包括下一级菜单,用户可进一步选定下一级菜单中的选项,如图 1-8 所示。

如果菜单项右侧没有任何符号,则表示选取该项将直接执行某个命令。

另一种形式的菜单是快捷菜单,当右击鼠标时,在右击的位置上将出现快捷菜单。快捷菜单提供的命令选项与右击的位置及系统的当前状态有关。

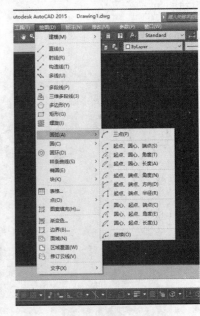

图 1-6　快速访问工具栏　　　　图 1-7　"格式"菜单　　　　图 1-8　"绘图"菜单

1.3.3　工具栏

　　按照不同的功能，AutoCAD 提供了很多工具栏，用户根据需要可以打开工具栏。单击菜单栏的"工具"菜单，选择"工具栏"→AutoCAD 命令，即可显示 AutoCAD 所有的工具栏，如图 1-9 所示。若名称前带有"√"标记，则表示该工具栏已打开，取消"√"即可关闭工具栏。另外，如果将鼠标指针移动到任一个工具栏上的非按钮区，右击，也可弹出此工具栏列表，此方法更为快捷、实用。

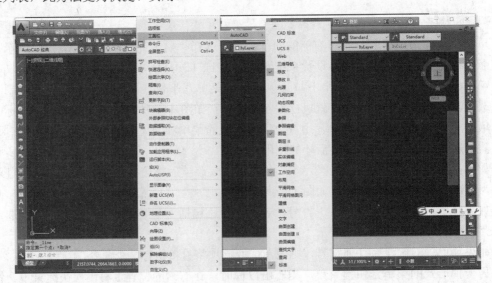

图 1-9　打开工具栏

工具栏包含了许多命令按钮，把鼠标指针悬停在按钮时会显示相应的工具名称，用户只需单击某个按钮，AutoCAD 就会执行相应的命令。同时，命令窗口中会显示相应的命令名和说明，用户根据提示即可操作绘图。AutoCAD 经典界面中可以看到常用的绘图、修改、样式、标准、特性、图层等工具栏。如图 1-10 所示。

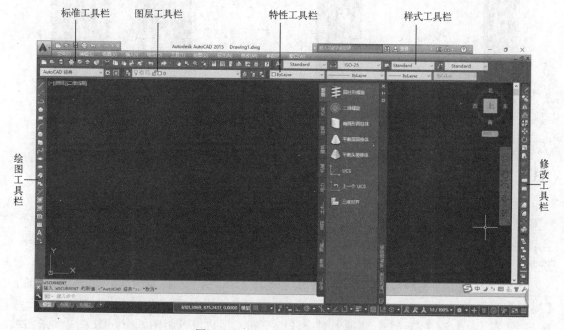

图 1-10　AutoCAD 2015 经典界面

用户可移动工具栏或改变工具栏的形状。将鼠标指针移动到工具栏边缘或双线处，按住鼠标左键并拖动，工具栏就随鼠标指针移动；将鼠标指针放置在拖出的工具栏的边缘，当鼠标指针变成双面箭头状时，按住鼠标左键并拖动，工具栏形状就会发生变化。

1.3.4　功能区

功能区包括"默认""插入""注释""参数化""视图""管理""输出""插件""Autodesk 360"和"精选应用"10 个选项卡，每个选项卡都提供了常用的工作面板，方便用户使用。当鼠标指针悬停在对应的按钮上时，将弹出该按钮的功能提示。如果继续停留，将弹出如图 1-11 所示的简单使用帮助。用户可以单击功能区选项后面的按钮 ▣ ，来控制功能区的展开与收缩。

AutoCAD 2015 新增图表预览功能，比如用户进入功能区中的插入选项卡，单击"插入"按钮的向下的箭头，会看到当前图纸存在的所有图块的预览图表，如图 1-12 所示。同样如果想改变文字样式、标注样式、表格样式等样式，也能看到预览图表。

打开或关闭功能区的操作方法如下：

● 命令行：输入 ribbon（或 ribbonclose）命令；
● 菜单：选择"工具"→"选项板"→"功能区"命令。

7

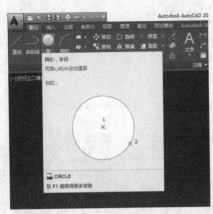

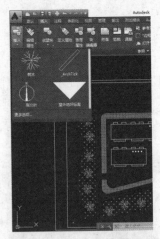

图 1-11 选项卡和面板　　　　　　　　　　　图 1-12 插入面板预览效果

1.3.5 绘图区

绘图区是指 AutoCAD 界面中的大片空白区域，是用户进行绘图的工作区域，该区域是无限大的，其左下方有一个表示坐标系的图标，用户的所有绘图结果都反映在这个窗口中。绘图区内有一个十字线，其交点反映当前光标的位置，故称它为十字光标，主要用于绘图、选择对象等。

绘图窗口包含了两种绘图环境，一种称为模型空间，另一种称为图纸空间。默认情况下【模型】选项卡处于选中状态，对应模型空间，用户在这里一般按实际尺寸绘制二维或三维图形。【布局1】或【布局2】选项卡对应图纸空间。用户可以将图纸空间想象成一张图纸（系统提供的模拟图纸），可在这张图纸上将模型空间的图样按不同缩放比例布置在图纸上，主要用于输出打印图纸。

1.3.6 命令行

命令行窗口位于 AutoCAD 程序窗口的底部，用户执行的命令、系统的提示及相关信息都反映在此窗口中，因此，用户要时刻关注命令行窗口中出现的信息，尤其是对初学者而言，更应该按照命令提示来响应 AutoCAD 的操作要求，提供正确的参数，保证正确地使用命令，完成操作。如图 1-13 所示。

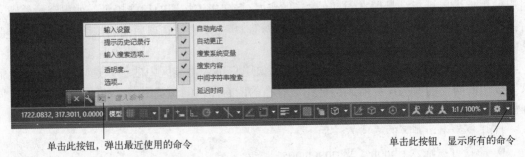

图 1-13 命令行窗口

如果采用键盘输入命令与 AutoCAD 进行交互，则在命令提示窗口会显示相匹配的命令建议列表，可以通过方向键选择所需要执行的命令。

按〈F2〉键可打开独立的命令文本窗口，再次按〈F2〉键可关闭此窗口。

1.3.7 状态栏

状态栏在屏幕的最下方一行，用于显示或设置当前的绘图状态。该状态栏非常重要，制图时常用的设置开关都在此行。该状态栏可反映当前光标的坐标、捕捉模式、栅格显示、正交模式、极轴追踪、对象捕捉、对象捕捉追踪、动态输入、导航工具、快速查看、注释缩放等功能以及当前的绘图空间等信息。

状态栏所包含的控制按钮非常多，可根据需要在状态栏中显示图标。在状态栏最右侧单击"自定义"按钮，弹出状态栏列表，若名称前带有"√"标记，则表示该状态栏图标已显示。如图 1-14 所示。如果图标高亮蓝色显示，表示此状态打开，单击此图标变为灰色，表示此状态关闭。例如图 1-15 中所示线宽状态显示。

图 1-14　自定义状态栏

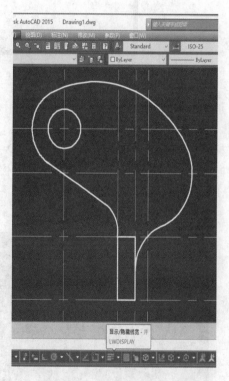

图 1-15　显示/隐藏线宽设置

下面介绍一下状态栏中常用的控制按钮。

显示图形栅格▦：当显示栅格时，屏幕上的某个矩形区域内会出现很多间隔均匀的正方形小网格，类似于传统的方格纸，有助于绘图定位。选择"捕捉设置"，进入"草图设置"对话框，可以设置栅格沿 X 轴和 Y 轴的间距。如图 1-16 所示。

捕捉到图形栅格▦：此按钮处于打开状态时，光标只能在 X 轴、Y 轴或极轴方向移动捕捉间距的整数倍，该距离也是通过"草图设置"对话框进行设定，如图 1-16 所示。栅格主要与捕捉配合使用，一般来讲，将栅格间距和捕捉间距设置成相同的，绘图时光标点就能精确捕捉到栅格点。

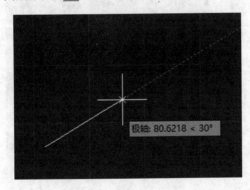

图 1-16 "草图设置"对话框

正交模式 ⊾：此模式打开时，控制用户所绘制的线或移动时的位置保持水平或垂直的方向。

极轴追踪 ⟨∠⟩：此模式打开，AutoCAD 将根据用户设定的增量角，在增量角整数倍的角度方向上显示一条追踪辅助线及光标当前位置的极坐标值。如图 1-17 所示。此模式和正交模式在绘图时只能有一个处于打开状态。

等轴测草图 ⟨⟩：通过该按钮，可以设置成等轴测图绘制模式。如图 1-18 所示。

图 1-17 极轴追踪　　　　　　　　　　　图 1-18 等轴测模式

对象追踪 ∠：该开关处于打开状态时，用户可以捕捉对象上的关键点为基点，然后沿正交方向或极轴方向拖动光标，系统将显示光标当前位置与基点之间的关系。

对象捕捉 ⟨⟩：通过对象捕捉可以精确地设置捕捉端点、中点、垂足、圆或圆弧的圆心、切点、象限点等特征点，这是精确绘图所必需的设置。

10

1.3.8 选项板

执行 toolpalettes 命令或选择菜单"工具"→"选项板"→"工具选项板"命令，将显示工具选项板。用户可以根据设计的类型选择对应的工具选项板，并直接利用其中的图库（块）。

任务 1.4　熟悉坐标系

AutoCAD 的科学性是计算机辅助设计软件最大的特点，要求在绘制过程中所有的对象都有确定的形状和位置关系，因此，用 AutoCAD 制图时最基本的要求就是定形和定位。

任何物体在空间中的位置都是通过一个坐标系来定位的。坐标系是确定位置的最基本的手段。掌握各种坐标系的概念、坐标系的创建和正确的坐标数据输入方法，对于正确、高效的绘图是非常重要的。

在 AutoCAD 中，按坐标系的定制对象不同，可以分为世界坐标系（WCS）和用户坐标系（UCS）；按照坐标值参考点的不同，可以分为绝对坐标系和相对坐标系；按照坐标轴的不同，可以分为直角坐标系、极坐标系、球坐标系和柱坐标系。

接下来主要介绍绝对坐标与相对坐标。

1. 绝对坐标

绝对坐标表示的是一个固定的点位置，不会随任何实体的改变而改变。它又分为绝对直角坐标和绝对极坐标。

1）绝对直角坐标。绝对直角坐标的输入方法是以坐标原点（0,0,0）为基点来定位其他所有的点。用户可以通过输入（X,Y,Z）坐标来确定点在坐标系中的位置。在（X,Y,Z）中，X 值表示此点在 X 方向到原点间的距离；Y 值表示此点在 Y 方向到原点间的距离；Z 值表示此点在 Z 方向到原点间的距离。若为二维平面，则可省略 Z 坐标值，如输入坐标点（–10,10,0）与输入（–10,10）相同，如图 1-19 中的 A 点。

> **注意：** 坐标输入时的逗号","，是在英文状态下输入的，而不是中文逗号。且每次输入完点的坐标后必须按〈Enter〉键，以确认输入完毕。

2）绝对极坐标。绝对极坐标是指定点距原点之间的距离和角度。角度默认水平向右的方向为零度。距离与角度之间用尖括号"<"分开。比如，要指定相对于原点距离为 40，角度为 60°的点，输入"40<60"即可，如图 1-19 的 B 点。其中，角度按逆时针方向增大，按顺时针方向减小。要向顺时针方向移动，应输入负的角度值。如输入"20<-40"等价于输入"20<320"，如图 1-19 的 C 点。

2. 相对坐标

相对坐标表示的是当前点相对于前一点的位置。它分为相对直角坐标和相对极坐标。在输入相对坐标时，必须在坐标值前加"@"符号。

1）相对直角坐标。相对直角坐标的输入方法是以某点为参考点，然后输入相对位移坐标的值来确定点，与坐标系的原点无关。它类似于将指定点作为一个输入点偏移。

如：若以 A 点为参考点，绘制 D 点，要求相对于 A 点在 X 轴负方向上移动 10 个绘图单位，在 Y 轴正方向上移动 20 个绘图单位，则需要输入"@-10,20"。如图 1-19 所示的 D 点。

2）相对极坐标。相对极坐标与绝对极坐标较为类似，不同的是，相对极坐标是指定点距前一点之间的距离和角度。比如，要指定 E 点相对于前一点（B 点）距离为 20，角度为 315°，输入"@20<-45"即可。如图 1-19 所示的 E 点。

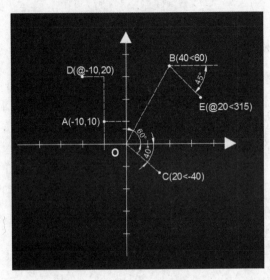

图 1-19　点的坐标

小结

AutoCAD 2015 启动后默认工作界面是"草图与注释"界面，其包含标题栏、功能区、绘图区、命令行、状态栏这几个部分，界面简洁，其中选项板、菜单栏、工具栏可根据需要再打开。有些用户可能习惯应用 AutoCAD 经典界面，也可以通过"自定义"工作空间来创建经典界面。

点的坐标系是 AutoCAD 绘图的基础。绝对坐标表示的是点距离坐标原点的位置，点的绝对直角坐标输入格式是"x,y,z"，点的绝对极坐标输入格式是"距离<角度"，其中逆时针角度为正，顺时针角度为负。相对坐标表示的是点距离前一点参考点的位置，点的相对直角坐标输入格式是"@x,y,z"，点的相对极坐标输入格式是"@距离<角度"。

项目 2　建筑平面图的绘制

本项目要点
- 建筑平面图的概念以及内容
- 建筑平面图的绘制步骤以及方法
- 建筑平面图的案例以及实战绘制技巧

任务 2.1　认识建筑平面图

建筑平面图，又可简称平面图，是将新建建筑物或构筑物的墙、门窗、楼梯、地面及内部功能布局等建筑情况，以水平投影方法绘制，并和相应的图例所组成的图纸。

2.1.1　建筑平面图概念

建筑平面图作为建筑设计、施工图纸中的重要组成部分，它反映建筑物的功能需要、平面布局及其平面的构成关系，是决定建筑立面及内部结构的关键环节。其主要反映建筑的平面形状、大小、内部布局、地面、门窗的具体位置和占地面积等情况。所以说，建筑平面图是新建建筑物的施工及施工现场布置的重要依据，也是设计及规划给排水、强弱电、暖通设备等专业工程平面图和绘制管线综合图的依据。

2.1.2　建筑平面图

建筑平面图实际上是房屋的水平剖面图（除屋顶平面图外）。把房屋用一个假想的水平面，沿门、窗洞门部位（指窗台以上，过梁以下的空间）水平切开，把切开下面的物体投影到所切的水平面上，这时从上往下看到的图形就是房屋的平面图。

建筑平面图主要反映了整个房屋的平面形状、大小和房间的数量和平面布局，承重墙（或柱）与隔墙的位置、厚度、材料以及门窗数量、类型、位置和尺寸等。图内应包括剖切图和投影方向可见的建筑构造以及必要的尺寸、标高等。如需要表示高窗、洞口、通气孔、槽、地沟等不可见部分应用虚线。

平面图宜与总平面图方向一致。平面图的长边宜与横式幅面图纸的长边一致。当同一页图纸上绘制多于一层的平面图时，则各层平面图宜按层数由低到高的顺序，从左到右或从下至上布置；对于平面较大的房屋，可分区绘制平面图，但每张平面图均绘制组合示意图。各区分别用大写拉丁字母编号；住宅建筑按层数可分为：

$$
\left\{
\begin{array}{ll}
\text{低层住宅} & \leqslant 3\ \text{层} \\
\text{多层住宅} & 4{\sim}6\ \text{层} \\
\text{中高层住宅} & 7{\sim}9\ \text{层} \\
\text{高层住宅} & \geqslant 10\ \text{层}
\end{array}
\right.
$$

多层房屋应画出各层平面图。若楼层的平面布置相同，或仅有局部不同时，可只画出首层平面图、标准层平面图、顶层平面图、屋顶平面图、局部平面图。

2.1.3 首层平面图概念

首层平面图也叫底层平面图，是指室内地坪为±0.000 所在的楼层的平面图。主要反映了房屋的平面形状，底层的平面布置情况，几个房间的分隔和组合、房间名称、出入口、门厅、走廊、楼梯等的布置和相互关系，各种门、窗的布置，室外的台阶、花台、室内外装饰以及明沟和雨水管的布置等。此外还表明了厕所和盥洗室内的固定设施的布置，并且注写了轴线、尺寸及标高等。

1. 首层平面图

在绘制首层平面图时，需要注意以下几点：

- 应在首层平面图中明显位置标注指北针符号，用于指示房屋的朝向，指北针方向与总平面图一致。
- 为防止雨水侵袭，除了台阶和花台下所有外墙墙角均设置有明沟或散水，绘制时可只在墙角或外墙的局部，分段画出明沟或散水的平面位置，并以中粗实线表示。
- 入口处要设置外台阶以防止雨水倒灌。上了台阶就是外门，再通过楼梯、电梯到各个楼层要去的房间。
- 若是住宅要先进入分户平台和楼梯，电梯间上到要去的楼层和房间，首层平面图中应注明室内外地面、台阶顶面、楼梯休息平台等的标高，首层平面图上应绘制注有剖切位置与剖视方向的剖切符号和详图等索引符号。
- 建筑平面图中，所有外墙一般应标注三道尺寸线：第一道为外墙皮到轴线，轴线到门、窗洞口和门窗洞宽及其到轴线的起止尺寸，直到另一端的外墙皮；第二道为房间的开间（各横向轴线之间的距离）或进深（各纵向轴线之间的距离）尺寸，也就是定位轴线尺寸；第三道为房屋的长或宽度的满外总尺寸，它应是第一道细部尺寸的总和。
- 建筑平面图中，应标明平面图的图名和比例、房间名称，在住宅建筑中还应注明各房间面积。首层平面图中的楼梯只画出第一个楼梯段被剖切到的部分，并用倾斜方向的这段线断开：被剖切到的墙、柱的断面轮廓线用粗实线（线宽 b）；没有被剖切到的可见轮廓线用中粗实线（线宽 0.5b）；尺寸线、标高符号、定位轴线的圆圈、轴线等用细实线（线宽 0.35b）和细点画线；门、窗用两条平行的细实线表示窗框及窗扇，用 45°倾斜的中粗实线表示门及其开启方向。

2. 标准层平面图

通常情况下，房屋有多少层就应画出多少个平面图，当房屋的中间各层其平面布局完全相同时，则可以用一个"标准层"平面图来表达这些楼层的平面图。有时也可省略与首层相同的内部尺寸，但需加以说明。随着楼层的加高，承重墙或柱的截面尺寸变化，标准层的楼梯平面图要反映楼层上下关系，在每个楼层的层高标高部位，有一梯段通向上一层，另一梯段通向下一层，中间用折断线剖段。在楼梯转折平台处应分别标注转折平台的标高。如在首层入口处有雨篷的应在二层平面图中表示。

3. 顶层平面图

顶层平面图的内容和布局一般没有多少变化，但其楼梯间部位有时会有所不同，当多层房屋到顶层为止时，其顶层平面图的楼梯踏步就终止到顶层地面，此时楼梯的扶手需要转向封住其向下的梯段，再把扶手垂直插入并适当嵌固于墙上，以此来保证楼梯末端空间的安全。

当楼梯需要直通上人屋面以便于检修时，则楼梯间应高出屋面，另建一梯间小屋，梯段直达屋面板，并在梯间小屋出屋面处增设高出屋面面层 150mm 以上的平台，以利人员出入和防止雨水倒灌。

4. 屋顶平面图

屋顶平面图主要标明：屋顶形状、屋顶水箱、屋面排水方向（用单向箭头表示）和坡度、天沟、女儿墙和屋脊线、雨水管的位置、房屋的避雷针或避雷带的位置等。

5. 局部平面图

当某些楼层平面图的布置基本相同，仅有局部不同时（包括楼梯间及其他房间等的分隔以及某些结构构件的尺寸有变化时），则某些部分就用局部平面图来表示；当某些局部布置由于比例较小而固定设备较多，或者内部组合比较复杂时，可以另画较大比例的局部平面图表示。

2.1.4　平面图表达的主要内容

在以上所讲述的各类平面图中，需要提供以下内容：

- 层次、图名、比例；
- 纵横定位轴线及其编号；
- 各房间的组合和分隔，各房间名称；
- 墙、柱的断面形状及尺寸；
- 门、窗布置及其编号；
- 楼梯梯级的形状、梯状的走向和级数；
- 其他构件如台阶、花台、雨篷、阳台以及各种装饰等的位置、形状和尺寸，厕所、盥洗室、厨房等固定设施的布置等；
- 标注标高、坡度及其下坡方向；
- 底层平面图中应标明剖切符号、索引符号和指北针；
- 屋顶平面图中应标明屋顶形状、屋面排水方向、坡度以及其他构配件的位置和某些轴线等。

任务 2.2　建筑平面图绘制过程

以一幢住宅楼的施工图为例，如图 2-1 所示，系统讲述利用 AutoCAD 绘制建筑施工图的方法，介绍建筑平面图的绘制过程。

整体的绘制过程如下：

- 设置绘图环境；
- 绘制轴线；

- 绘制墙体；
- 修剪墙体；
- 绘制柱子；
- 开门、窗洞和绘制门、窗图形、绘制阳台；
- 标注尺寸；
- 绘制轴号；
- 标注文本（图名）；
- 把绘制完成的平面图，放入图框中。

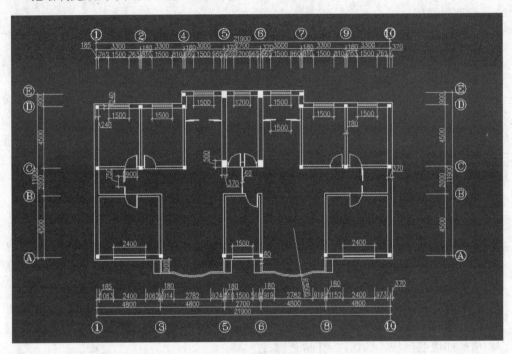

图 2-1　住宅楼施工图

2.2.1　设置绘图环境

设置绘图环境步骤如下：

使用样板创建新图形文件。单击"标准"工具栏的新建命令，弹出"创建新图形"对话框。单击"使用样板"按钮，从"选择对象"列表框中选择样板文件"A3 图框.dwt"，单击"确定"按钮，进入 CAD 绘图界面。

1）设置图形界限：选择菜单"格式"→"图形界限"命令。

```
命令:_limits
重新设置模型空间界限:
指定左下角点或 [开(ON)/关(OFF)] <0.0000,0.0000>:
指定右上角点 <420.0000,297.0000>: 42000,29700        /*输入尺寸 42000,29700*/
命令: z/zoom                                          /*进行全部缩放*/
指定窗口的角点，输入比例因子 (nX 或 nXP)，或者
```

[全部(A)/中心(C)/动态(D)/范围(E)/上一个(P)/比例(S)/窗口(W)/对象(O)] <实时>: a
正在重生成模型。

2）放大 A3 图框。输入"缩放"快捷命令 sc。

命令: sc/scale
选择对象: 指定对角点: 找到 3 个　　　　　/*框选对象*/
选择对象:　　　　　　　　　　　　　　　/*右击结束选择*/
指定基点:　　　　　　　　　　　　　　　/*以图框的某一端点作为基点*/
指定比例因子或 [复制(C)/参照(R)] <1.0000>:　100

注意：本例中采用 1:1 的比例作图，而按 1:100 的比例出图，所以设置的绘图范围为（42000，29700），对应的图框则需放大 100 倍。

3）修改图层：根据绘图需要，决定图层的数量及相应的颜色和线型。
4）设置线型比例。

命令: lts/ltscale
输入新线型比例因子 <1.0000>: 100
正在重生成模型。

注意：在扩大了图形界限的情况下，为使点画线正常显示，需将全局比例因子按比例放大。

5）设置文字样式和标注样式（检查样式文件中是否已经设置好）。
6）完成设置并保存文件。
选择"文件"→"另存为"命令，打开"图形另存为"对话框，输入文件名"二～四层建筑平面图.dwg"，单击"保存"按钮。

2.2.2　绘制轴线

绘制轴线步骤如下：

1）打开已保存的文件"二～四层建筑平面图.dwg"，将图层"图框标题栏"关闭，将"轴线"层设置为当前层。打开"正交"，设置"对象捕捉"。
2）绘制 A 号轴线。绘制 A 号轴线过程如下：

命令:l/line
指定第一点:　　　　　　　　　　　　　　　　　　　/*任意指定一点*/
指定下一点或 [放弃(U)]: 27200
指定下一点或 [放弃(U)]:　　　　　　　　　　　/*按空格键结束命令*/

3）绘制 B～E 号轴线。通过偏移命令操作，依次类推。同样的操作方法绘制 1～10 号轴线。

2.2.3　绘制墙体

绘制墙体需要运用"多线"命令 ml。将"墙体"层设置为当前层，并锁定"轴线"

层。绘制墙体步骤如下：

1）绘制外墙，墙厚 370。

命令: ml/mline
当前设置: 对正 = 上，比例 = 20.00，样式 = Standard
指定起点或 [对正(J)/比例(S)/样式(ST)]: s
输入多线比例 <20.00>: 370
当前设置: 对正 = 上，比例 = 370.00，样式 = Standard
指定起点或 [对正(J)/比例(S)/样式(ST)]: j
输入对正类型 [上(T)/无(Z)/下(B)] <上>: z
当前设置: 对正 = 无，比例 = 370.00，样式 = Standard
指定起点或 [对正(J)/比例(S)/样式(ST)]:   /*指定一点，开始绘制墙体*/
指定下一点:

2）绘制内墙：墙厚 180，同样使用"多线"命令，多线比例设置为 180。

3）绘制内墙：墙厚 120，同样使用"多线"命令，多线比例设置为 120。

2.2.4 修剪墙体

运用"多线编辑工具"，把"轴线"层关闭，将"墙体"层作为当前图层。选择菜单栏"修改"→"对象"→"多线"命令，如图 2-2 和图 2-3 所示。

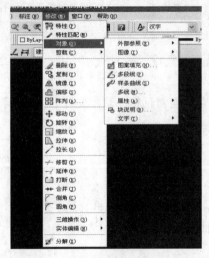

图 2-2 多线菜单

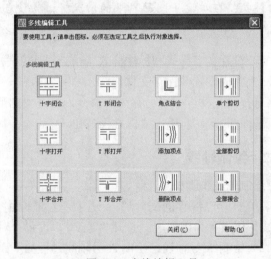

图 2-3 多线编辑工具

单击"T 形打开"按钮，步骤如图 2-4 所示，效果如图 2-5 所示。

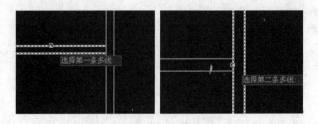

图 2-4 运用 T 形打开修剪墙体

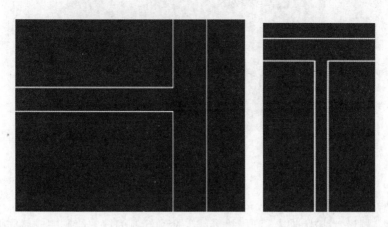

图 2-5　修剪后的效果

2.2.5　绘制柱子

将"柱子"层设置为当前层,利用"矩形"命令绘制长宽均为 240 的矩形。输入图案填充的快捷命令 h,弹出"图案填充和渐变色"对话框,单击"添加:选择对象"按钮,选择矩形,单击矩形轮廓线,设置填充图案为"SOLID",单击"确定"按钮。如图 2-6 和图 2-7所示。

图 2-6　图案填充设置

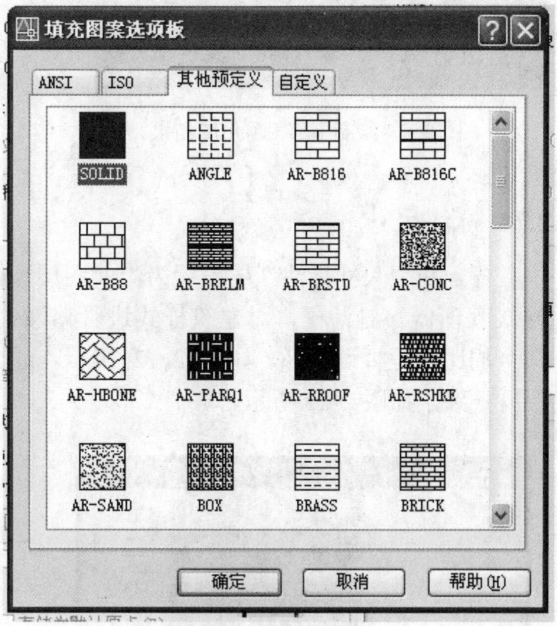

图 2-7　选择填充图案

尺寸相同的柱子可以用复制命令来完成,同理也可以绘制出其他尺寸不同的柱子。如图 2-8 所示。

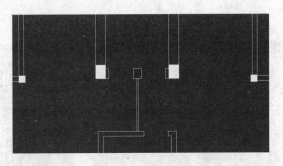

图 2-8　复制柱子

2.2.6　绘制门窗

将"门窗"层设置为当前层，利用"多线"命令绘制门窗，绘制完成后需要把轴线、墙体、门窗层显示出来。同时，通过辅助线，设置轴线长度位于墙体的距离保持一致。效果如图 2-9 和 2-10 所示。

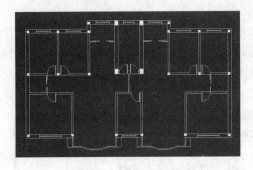

图 2-9　绘制全部门窗后的结果

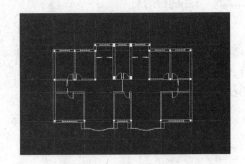

图 2-10　完成后的效果

2.2.7　标注尺寸

首先，将"尺寸标注"层设置为当前图层。标注尺寸步骤如下：输入命令 d，弹出"标注样式管理器"对话框，对建筑样式进行修改，如图 2-11 所示。查看检查尺寸标注样式中，全局比例是否设置好，如图 2-12 所示。通过辅助线，确定四面尺寸标注偏移墙体的距离保持一致，如图 2-13 所示。

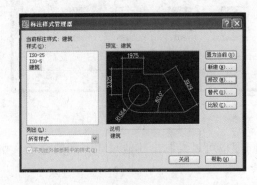

图 2-11　标注样式管理器

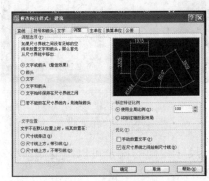

图 2-12　修改标注样式

20

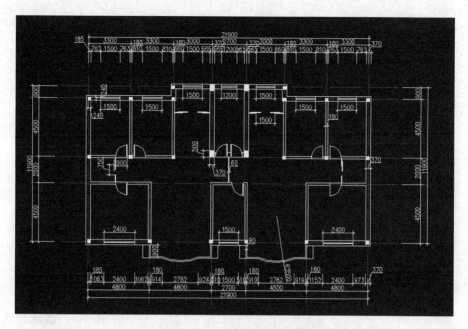

图 2-13　尺寸标注完成后的结果

2.2.8　绘制轴号

绘制轴号的步骤如下：

1）将"轴号"层设置为当前图层，并设置文字样式，如图 2-14 所示。

2）绘制 $\phi 8$ 的圆，输入命令 att，弹出"属性定义"对话框，编辑属性定义，如图 2-15 所示，单击"确定"按钮，绘制出"1"，把它移动到 $\phi 8$ 的圆中。

图 2-14　"文字样式"对话框

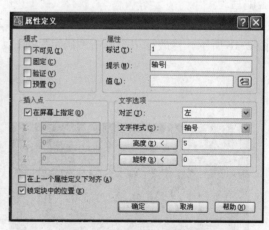

图 2-15　"属性定义"对话框

3）把轴号创建成块。输入命令 b，弹出"块定义"对话框，如图 2-16 所示，输入块的名称"轴号"，单击"选择对象"按钮，框选轴号，右击结束选择，回到"块定义"对话框，单击"确定"按钮。

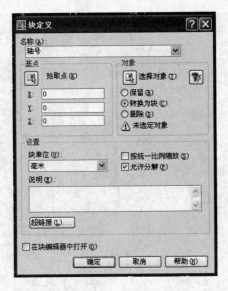

图 2-16 "块定义"对话框

4）放大轴号。命令行显示如下。

命令: sc/scale
选择对象: 指定对角点: 找到 2 个　　　　　　　/*框选对象*/
选择对象:　　　　　　　　　　　　　　　　　　/*右击或按空格键结束选择*/
指定基点:　　　　　　　　　　　　　　　　　　/*以图框的某一端点作为基点*/
指定比例因子或 [复制(C)/参照(R)] <1.0000>:　100

5）放置轴号。按照制图规范，水平方向轴号，由左往右编写，竖直方向轴号，由下至上编写。

6）修改轴号。双击轴号中的数字，如图 2-17 所示，弹出"编辑属性定义"对话框，如图 2-18 所示，修改标记，单击"确定"按钮。

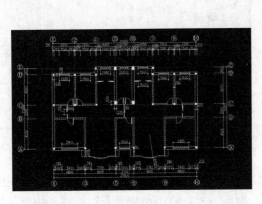

图 2-17 标记轴号后的效果

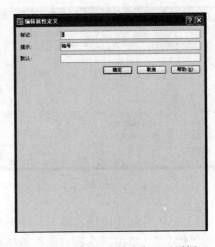

图 2-18 "编辑属性定义"对话框

2.2.9 标注图名

将"文本"层设置为当前图层。显示图框，把图纸放置到图框中，将"图框标题栏"层设置为当前图层，输入图名即可。

任务 2.3 绘制高层住宅标准平面图

本任务讲述用 AutoCAD 2015 绘制建筑平面图的一般绘制方法与技巧。

2.3.1 设置绘制环境

在开始绘制图形之前，需要对新建的文件进行相应的设置，以便于确定各项参数。

1）启动 AutoCAD 2015 程序，单击快速访问工具栏中的"新建"按钮 ，弹出"选择样板"对话框，选择"acadiso.dwt"选项，单击"打开"按钮，新建立一个图形样板文件。

2）设置图形单位。在命令行中输入 units（单位）命令并回车，弹出"图形单位"对话框，在"类型"下拉列表中选择"小数"选项，在"精度"下拉列表中选择"0.00"选项。在"插入时的缩放单位"选项组中选择"无单位"选项，其他保持不变，如图 2-19 所示。单击"确定"按钮，完成图形单位设置。

图 2-19 "图像单位"对话框

3）设置绘制范围。在命令行中输入 limits（图形界限）命令并回车，设置绘图区域，然后执行 zoom（缩放）命令，完成观察范围的设置。其命令行提示如下：

命令：limits↙
重新设置模型空间界限：
指定左下角或[开（ON）/关（OFF）]<0.0000,0.0000>:↙/*直接按回车键接受默认值*/
指定右下角的点<420.0000,297.0000>:30000,20000↙　/*输入右上角坐标"50000,20000"后按回车键完成绘制范围的设置*/

4）设置图层。单击"图层"面板中的"图层特性"按钮 ，弹出"图层特性管理器"对话框，新建如图 2-20 所示图层，单击"关闭"按钮，完成图层设置。

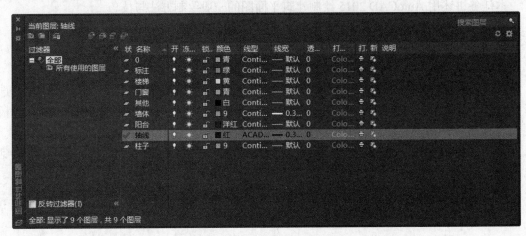

图 2-20　图层设置对话框

2.3.2　绘制定位轴线

绘制定位轴线前应先绘制轴网，其目的就是便于准确定位。步骤如下：

1）将"轴线"层设置为当前层进行操作。

2）单击绘图面板中的"直线"按钮，配合"正交"功能，绘制一条水平直线和一条垂直线，效果与具体尺寸如图 2-21 所示。

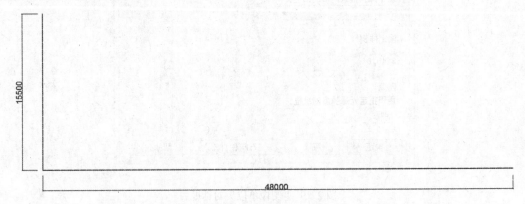

图 2-21　直线的尺寸设置

3）单击"修改"面板中的"偏移"按钮 ，根据该平面图的进深和开间进行设计宽度，绘制出轴线网，效果如图 2-22 所示。

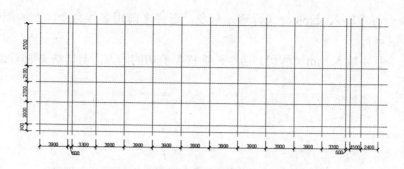

图 2-22　使用偏移命令绘制的结果

4）选中其中一根轴线，按快捷键〈Ctrl+1〉，打开"特性"对话框，修改"线性比例"为 100，如下图所示。单击"特性"面板中的"特性匹配"按钮，并将其余轴线的"线型比例"修改为 100，其效果如图 2-23 所示。

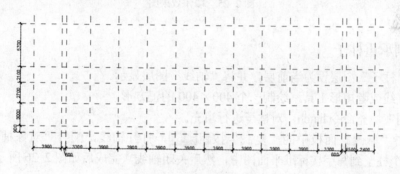

图 2-23　更改直线属性

2.3.3　绘制墙体

1）将"墙体"图层设置为当前层，颜色、线型和线宽随之前设置的图层。

2）在命令行中输入 ml（多线）命令并回车，设置多线宽度为 200（其中卫生间隔墙的宽度为 120），绘制内墙和楼梯间墙体时的对齐方式为"居中"，绘制外墙时的对齐方式为"下"，配合对象捕捉功能，绘制出所有墙体，然后将"轴线"图层隐藏，如图 2-24 所示。

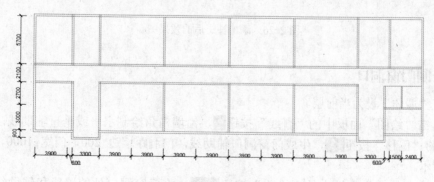

图 2-24　墙体尺寸图

3）在命令行中输入 explode（拆解）命令，选择之前用多线命令绘制的墙体，按回车键，将墙体线拆解。

4）在命令行中输入 trim（剪切）命令，选择要剪切的地方，剪切结果如图 2-25 所示。

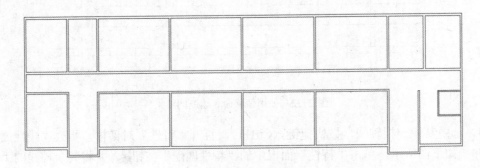

图 2-25 墙体效果图

2.3.4 绘制承重柱子

1）将"柱子"图层设为当前层，并将"轴线"图层显示。

2）用直线或者矩形工具，绘制一个 400×400 的正方形。

3）用图案填充命令 hatch，对柱子进行填充。

4）单击"修改"面板中的"复制"按钮 ，打开轴线，配合"对象捕捉"以及轴线，复制多个柱子到写字楼标准平面图中，然后关闭轴线，完成后如图 2-26 所示。

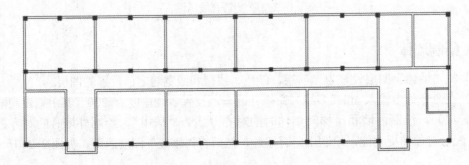

图 2-26 添加柱子后的效果图

2.3.5 绘制门窗洞口

1）将"墙体"设为当前层。

2）单击"绘图"面板中的"直线"按钮 ，沿墙内角绘制水平或垂直辅助线；单击修改工具中的"偏移"按钮 ，生成门窗洞口辅助线，门洞距墙边 200，门宽 1000，效果如图 2-27 所示。

3）单击"修改"面板中的"修剪"按钮 ，将门窗洞口处的墙线和辅助线进行修剪；单击"修改"面板中的"删除"按钮，修剪成如图 2-28 所示。

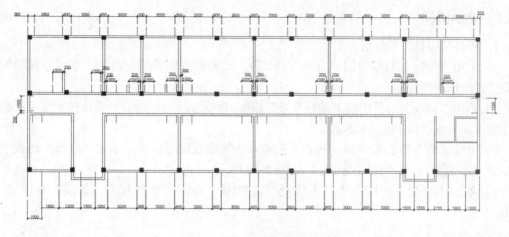

图 2-27 设定门窗位置效果图

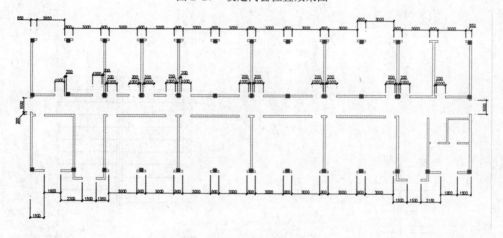

图 2-28 添加门窗后效果图

2.3.6 绘制门窗

1) 将"门窗"图层设为当前层。

2) 绘制窗户。单击"绘图"面板中的"直线"按钮，配合"对象捕捉"功能，绘制窗户的轮廓线。单击修改工具中的"偏移"按钮，设置距离为 70，生成窗户线。

3) 绘制平开门，并把平开门和窗户利用捕捉工具综合布局，如图 2-29 所示。

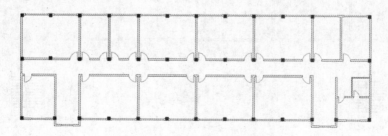

图 2-29 绘制门窗洞口效果图

2.3.7 绘制楼梯

1）将楼梯层设为当前层。

2）单击"绘图"面板中的"直线"按钮，沿着楼梯间内墙角绘制一条水平辅助线和一条垂直线辅助线。

3）单击"修改"面板中的"偏移"按钮，根据台阶设计宽度、楼梯扶手宽度和梯井设计宽度，生成楼梯平面的辅助线。

4）单击"修改"面板中的"剪切"按钮，将辅助线进行修剪；单击"修改"面板中的"删除"按钮，将多余的辅助线删除，如图 2-30 所示。

5）单击"绘图"面板中的"多线段"按钮，绘制折断线和方向箭头。如图 2-31 所示。

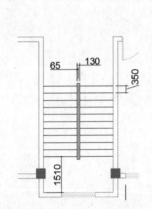

图 2-30　绘制楼梯示意图

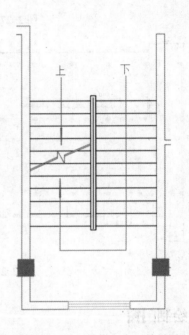

图 2-31　添加楼梯方向后效果图

6）完成楼梯间绘制，如图 2-32 所示。

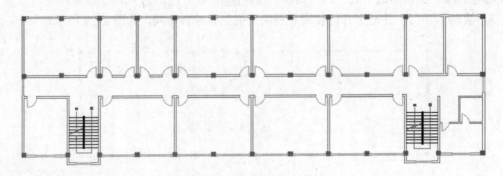

图 2-32　添加楼梯后效果图

2.3.8 绘制轴号和文字说明

1）将"标注"图层设为当前层，将"轴线"图层显示出来。

2）绘制轴号。单击"绘图"面板中的"直线"按钮，绘制一条垂直线，长度为 1200。单击"绘图"面板中的"圆"按钮，绘制一个 $\phi 700$ 的圆，单击"修改"面板中的"移动"按钮，制作效果—Ⓐ。

3）运用"复制"命令，将轴线编号及文字复制到平面图各处。双击轴线编号文字，对文字进行修改。

4）单击"绘图"面板中的"多行文字"按钮 **A**，绘制房间名称文字、图名和比例。单击"绘图"面板中"多线段"按钮，绘制比例下方下划线。综合成如图 2-33 所示。

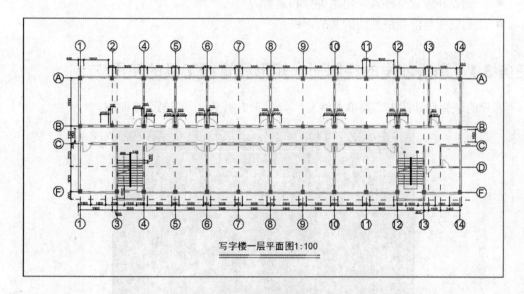

图 2-33　添加轴号和文字后效果图

小结

本项目主要介绍了建筑平面图的概念和基本内容。通过实际案例——绘制高层住宅标准的平面图，详细地讲述了绘制的工具使用以及注意事项。结合实战案例，使读者掌握绘制建筑平面图的步骤和实际操作方法。

项目 3 二维图形的绘制

本项目要点

- AutoCAD 2015 绘图工具的使用（直线工具、矩形工具、多边形工具、圆形工具、多段线工具）
- 绘制点和设置点样式、定距等分和定数等分
- 绘制底板与洁具侧面图的实战训练

任务 3.1 单人沙发的绘制——矩形和直线工具的使用

客户的装修设计图中需要单人沙发，如图 3-1 所示。应当怎么绘制呢？

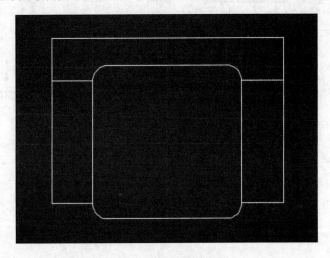

图 3-1 单人沙发效果图

3.1.1 案例制作——单人沙发

步骤 1：绘制坐垫。选择矩形工具（或在命令行输入 rec），命令行操作如下：

```
命令：_rectang
指定第一个角点或 [倒角(C)/标高(E)/圆角(F)/厚度(T)/宽度(W)]: f
指定矩形的圆角半径 <0.0000>: 50
指定第一个角点或 [倒角(C)/标高(E)/圆角(F)/厚度(T)/宽度(W)]:
指定另一个角点或 [面积(A)/尺寸(D)/旋转(R)]: @500,-500
```

步骤 2：绘制扶手。选择直线工具（或在命令行输入 line），命令行操作如下：

```
命令：_line
```

```
指定第一个点:                          /*任选圆角矩形一侧的端点*/
指定下一点或 [放弃(U)]: 140              /*沿着水平方向*/
指定下一点或 [放弃(U)]:  <正交 开> 400    /*沿着垂直方向*/
指定下一点或 [闭合(C)/放弃(U)]:140        /*沿着水平方向*/
命令: _line
指定第一个点:                          /*任选圆角矩形另一侧的端点*/
指定下一点或 [放弃(U)]: 140              /*沿着水平方向*/
指定下一点或 [放弃(U)]: 400              /*沿着垂直方向*/
指定下一点或 [闭合(C)/放弃(U)]:140        /*沿着水平方向*/
```

步骤 3：绘制靠背。选择直线工具（或在命令行输入 line），命令行操作如下：

```
命令: _line
指定第一个点:                          /*沙发左上角或右上角的点*/
指定下一点或 [放弃(U)]: 140              /*沿着垂直方向*/
指定下一点或 [放弃(U)]: 780              /*沿着水平方向*/
指定下一点或 [闭合(C)/放弃(U)]:140        /*沿着垂直方向*/
```

3.1.2 知识点回顾——直线工具

使用直线工具有以下三种方法。

1）在工具栏选择直线工具，如图 3-2 所示。

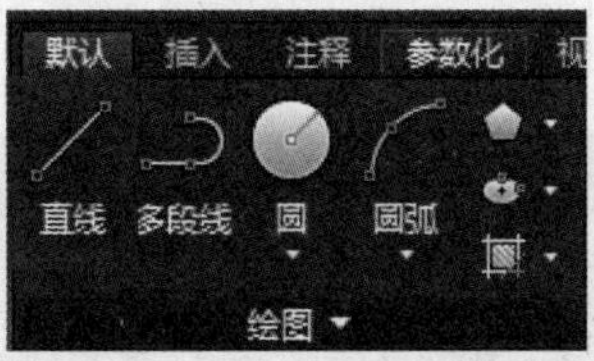

图 3-2　在工具栏中选择直线工具

2）在菜单栏选择“绘图”→“直线”命令。

3）在命令行输入命令 line 或 l。

使用以上三种方法中的任何一种方法后，命令行变为 LINE 指定第一个点:，可以使用坐标法（绝对坐标、相对坐标或极坐标）来定义一个点作为起点，之后命令行变为 LINE 指定下一点或 [放弃(U)]:，仍旧可以使用坐标法（绝对坐标、相对坐标或极坐标）来定义第二个点，以此类推，之后按〈Enter〉键结束直线的绘制。

3.1.3 知识点回顾——矩形工具

使用矩形工具有以下三种方法。

1）在工具栏选择矩形工具，如图 3-3 所示。

2）在菜单栏选择“绘图”→“矩形”命令。

3）在命令行输入命令 rectang 或 rec。

使用以上三种方法中的任何一种方法后，命令行变为 RECTANG 指定第一个角点或 [倒角(C) 标高(E) 圆角(F) 厚度(T) 宽度(W)]:，可以有以下几种操作方法。

图 3-3　在工具栏中选择矩形工具

1）使用坐标法（绝对坐标、相对坐标或极坐标）来定义一个点作为起点，之后命令行
变为 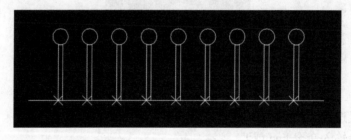 RECTANG 指定另一个角点或 [面积(A) 尺寸(D) 旋转(R)]：，则可以输入 a 来确定矩形的面积，输入 d 来确定矩形的长和宽，输入 r 来确定旋转角度。

2）输入 c 后回车，可以定义倒角的距离，绘制带有倒角的矩形。

3）输入 e 后回车，可以定义矩形的标高，即矩形在单位空间中的基面高度。

4）输入 f 后回车，可以定义矩形的圆角半径，绘制带有圆角的矩形。

5）输入 t 后回车，可以定义矩形的厚度，即矩形在 Z 轴上的高度。

6）输入 w 后回车，可以定义矩形的线宽，即矩形边框的宽度。

任务 3.2　路面路灯的摆放——绘制点和设置点样式

如果现在需要在一条道路上平均分布路灯，如图 3-4 所示，应当怎样操作呢？Auto CAD 2015 中对线段进行等分，往往要先用点去分割，然后再进行图形的摆放。本例中，可以先将道路进行点的等分，然后再摆上路灯。

图 3-4　路面路灯的摆放

3.2.1　案例制作——路面路灯的摆放

步骤 1：绘制路面（使用直线工具），并对路面实行定数等分。

```
命令: _line
指定第一个点:                          /*指定任意一点作为起始端*/
指定下一点或 [放弃(U)]: <正交 开> 1000   /*沿着水平方向*/
命令: _divide                          /*使用定数等分工具*/
选择要定数等分的对象:                    /*选择刚刚绘制的直线*/
输入线段数目或 [块(B)]: 10              /*将直线分为 10 份*/
```

步骤 2：绘制路灯。

```
命令: _line                           /*绘制路灯的支杆*/
```

指定第一个点: /*指定任意一等分点作为起始端*/
指定下一点或 [放弃(U)]:   /*沿着水平方向*/
指定下一点或 [放弃(U)]:   /*沿着垂直方向*/
指定下一点或 [闭合(C)/放弃(U)]:   /*沿着水平方向*/
指定下一点或 [闭合(C)/放弃(U)]:c
命令: _circle   /*绘制路灯的灯*/
指定圆的圆心或 [三点(3P)/两点(2P)/切点、切点、半径(T)]:
<捕捉 开>   /*在刚刚绘制的灯杆上方任意一点单击*/
指定圆的半径或 [直径(D)]:   /*与灯杆上方的水平线相切*/

步骤3：使用复制命令复制路灯，并将其摆放好。

命令: _copy 找到 6 个
当前设置: 复制模式 = 多个
指定基点或 [位移(D)/模式(O)] <位移>:   /*指定等分点为基点*/
指定第二个点或 [阵列(A)] <使用第一个点作为位移>: <正交 关>
指定第二个点或[阵列(A)/退出(E)/放弃(U)]<退出>:/*摆放第二个路灯*/
指定第二个点或[阵列(A)/退出(E)/放弃(U)]<退出>:/*摆放第三个路灯*/
指定第二个点或[阵列(A)/退出(E)/放弃(U)]<退出>:/*摆放第四个路灯*/
指定第二个点或[阵列(A)/退出(E)/放弃(U)]<退出>:/*摆放第五个路灯*/
指定第二个点或[阵列(A)/退出(E)/放弃(U)]<退出>:/*摆放第六个路灯*/
指定第二个点或[阵列(A)/退出(E)/放弃(U)]<退出>:/*摆放第七个路灯*/
指定第二个点或[阵列(A)/退出(E)/放弃(U)]<退出>:/*摆放第八个路灯*/
指定第二个点或[阵列(A)/退出(E)/放弃(U)]<退出>:/*摆放第九个路灯*/

3.2.2　知识点回顾——点样式

对点的操作包括设置点样式、定距等分和定数等分。从菜单栏中选择"格式"→"点样式"命令，弹出如图3-5所示"点样式"对话框。用户可以在对话框中选择需要的样式，并且可以根据需要设置点的大小。

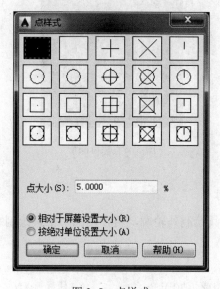

图3-5　点样式

3.2.3 知识点回顾——定数等分和定距等分

定数等分点是指在对象上放置等分点，将选择的对象等分为指定的几段，用于辅助绘制其他图形。绘制定数等分点有以下三种方法。

1）在工具栏选择定数等分工具。

2）在菜单栏选择"绘图"→"点"→"定数等分"命令。

3）在命令行中输入命令 divide。

使用定数等分后，命令行显示如下：

命令: _divide
选择要定数等分的对象:
输入线段数目或 [块(B)]: 9   /*需要输入 2 和 32767 之间的整数*/

定距等分点是指在所选对象上按指定距离绘制多个点对象。绘制定距等分点有以下三种方法。

1）在工具栏选择定距等分工具。

2）在菜单栏选择"绘图"→"点"→"定距等分"命令。

3）在命令行输入命令 measure。

使用定距等分后，命令行显示如下：

命令: _measure
选择要定距等分的对象:
指定线段长度或 [块(B)]: 10

任务 3.3　　螺母的绘制——学习多边形和圆形

绘制如图 3-6 所示的螺母图形。

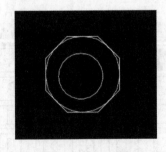

图 3-6　螺母图形

3.3.1 案例制作——螺母

步骤：先使用多边形工具绘制外轮廓，再使用圆形工具绘制螺母内侧的圆。

命令: _polygon
输入侧面数 <4>: 8   /*绘制八边形*/
指定正多边形的中心点或 [边(E)]:   /*任意一点*/

输入选项 [内接于圆(I)/外切于圆(C)] <I>: c

指定圆的半径: 100

命令: <捕捉 开>   /*设置捕捉圆心*/

命令: _circle

指定圆的圆心或 [三点(3P)/两点(2P)/切点、切点、半径(T)]: t

指定对象与圆的第一个切点: /*捕捉八边形边上的一点*/

指定对象与圆的第二个切点: /*捕捉八边形边上的另一点*/

指定圆的半径: 100

命令: _circle   /*绘制第二个圆*/

指定圆的圆心或 [三点(3P)/两点(2P)/切点、切点、半径(T)]: /*指定圆心*/

指定圆的半径或 [直径(D)] <100.0000>: 60

3.3.2 知识点回顾——多边形工具

使用多边形工具有以下三种方法。

1）在工具栏选择多边形工具，如图 3-7 所示。

图 3-7 选择多边形工具

2）在菜单栏选择"绘图"→"多边形"命令。

3）在命令行输入命令 polygon。

使用以上三种方法中的任何一种方法后，首先输入多边形的边数，然后按空格键或回车键；再指定多边形的中心点或者一条边；然后选择"内接于圆"或"外切于圆"选项，并输入内接圆或外切圆的半径值，即可完成多边形的绘制。

3.3.3 知识点回顾——圆形工具

使用圆形工具有以下三种方法。

1）在工具栏选择圆形工具，如图 3-8 所示。

图 3-8 选择圆形工具

2）在菜单栏选择"绘图"→"圆"命令。

3）在命令行输入命令 circle。

使用以上三种方法中的任何一种方法后，命令行变为 ![CIRCLE 指定圆的圆心或 [三点(3P) 两点(2P) 切点、切点、半径(T)]:]。AutoCAD 提供了 6 种创建圆形的方法，即"圆心、半径""圆心、直径""两点""三点""相切、相切、半径""相切、相切、相切"，选择一种画圆的方式，以"圆心、半径"法为例，依次指定圆的圆心位置和半径值，完成圆的绘制。注意，采用"两点"法绘制圆时，系统将会提示圆形的直径方向的两个端点。

任务 3.4　墙体的绘制——学习多段线工具和多线样式

绘制如图 3-9 所示的墙体图形。

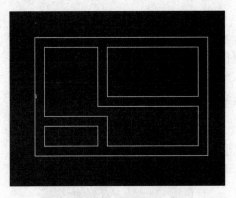

图 3-9　墙体图形

3.4.1　案例制作——墙体

步骤 1：设置多线样式。

|命令: _mlstyle|/*设置多线样式命令*/|

步骤 2：绘制多线。

命令: _mline　　　　　　　　　　　　　　　　 /*绘制多线*/
当前设置: 对正 = 上，比例 = 20.00，样式 = 墙体
指定起点或 [对正(J)/比例(S)/样式(ST)]:　st　 /*选择样式*/
输入多线样式名或 [?]:　墙体
当前设置: 对正 = 上，比例 = 20.00，样式 = 墙体
指定起点或 [对正(J)/比例(S)/样式(ST)]:　　　 /*任意一点*/
指定下一点:　360　　　　　　　　　　　　　　 /*沿水平方向*/
指定下一点或 [放弃(U)]:　240　　　　　　　　 /*沿垂直方向*/
指定下一点或 [闭合(C)/放弃(U)]:　360　　　　 /*沿水平方向*/
指定下一点或 [闭合(C)/放弃(U)]:　c
命令:MLINE　　　　　　　　　　　　　　　　　 /*绘制内墙*/
当前设置: 对正 = 上，比例 = 20.00，样式 = 墙体
指定起点或 [对正(J)/比例(S)/样式(ST)]:-100

　　　　　　　　　　　　　　　　　　　　　　 /*在刚刚绘制的起点水平方向拖动鼠标*/

指定下一点:　120　　　　　　　　　　　　　　 /*沿垂直方向*/
指定下一点或 [放弃(U)]:　　　　　　　　　　　 /*沿水平方向并与墙体的右侧相交*/
命令:_mline　　　　　　　　　　　　　　　　　 /*绘制内墙*/
当前设置: 对正 = 上，比例 = 20.00，样式 = 墙体

指定起点或 [对正(J)/比例(S)/样式(ST)]:　　　　　/*捕捉和第一个内墙对齐*/

指定下一点: 60　　　　　　　　　　　　　/*沿垂直方向*/

指定下一点或 [放弃(U)]:　　　　　　　　　/*捕捉和外墙的交点*/

指定下一点或 [闭合(C)/放弃(U)]:

3.4.2　知识点回顾——多段线工具

多段线是由若干条首尾相连的、相同或不同宽度的直线段、直线和圆弧组成的对象。用户可以对多段线的每条线段指定不同的线宽，从而绘制一些特殊图形。

使用多段线工具有以下三种方法。

1）在工具栏选择多段线工具，如图 3-10 所示。

图 3-10　选择多段线工具

2）在菜单栏选择"绘图"→"多段线"命令。

3）在命令行输入命令 pline。

使用以上三种方法中的任何一种方法后。

1）首先指定一个起点 `PLINE 指定起点:` 。

2）指定下一个起点，或者进入分选项指定 `PLINE 指定下一个点或 [圆弧(A) 半宽(H) 长度(L) 放弃(U) 宽度(W)]:`。然后按命令行提示一步步操作。

3）按空格键或回车键完成绘制。

3.4.3　知识点回顾——多线样式

多线是一种由多条平行线组成的图形元素，常用于建筑图纸中的墙体、电子线路图中的平行线条等图形对象的绘制。在绘制多线之前，要先设置多线样式，通过设置多线样式使绘制的多线符合预想的效果。

在菜单栏中选择"格式"→"多线样式"命令，弹出"多线样式"对话框，如图 3-11 所示。单击"修改"按钮。

图 3-11　"多线样式"对话框

在"修改多线样式"对话框中,可以设置间距,就是偏移值,也可以设置线型和颜色等。设置完成后单击"确定"按钮。如图 3-12 所示。

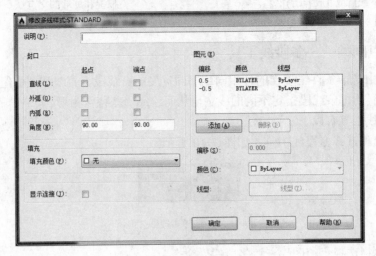

图 3-12　修改多线样式

任务 3.5　跑道的绘制——学习绘制圆弧

绘制如图 3-13 所示跑道图形。

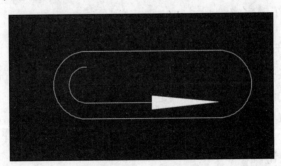

图 3-13　跑道图形

3.5.1　案例制作——跑道

步骤 1:绘制跑道。

命令:_line	/*绘制直线跑道*/
指定第一个点:	/*指定跑道的起点*/
指定下一点或 [放弃(U)]: @2000,0	/*指定直线跑道的终点*/
指定下一点或 [放弃(U)]:	
命令:_arc	/*绘制弧形跑道*/
指定圆弧的起点或 [圆心(C)]:	/*指定弧形跑道的起点*/
指定圆弧的第二个点或 [圆心(C)/端点(E)]: c	

指定圆弧的圆心: @0,-500   /*指定圆心*/
指定圆弧的端点(按住 Ctrl 键以切换方向)或 [角度(A)/弦长(L)]: a
指定夹角(按住 Ctrl 键以切换方向): -180   /*设定角度*/
命令: _line   /*绘制另一条横向跑道*/
指定第一个点: /*指定的起点就是弧形的终点*/
指定下一点或 [放弃(U)]: @-2000,0   /*指定横向跑道的终点*/
指定下一点或 [放弃(U)]:
命令: _arc   /*绘制最后一个圆弧*/
指定圆弧的起点或 [圆心(C)]:   /*指定弧形跑道的起点*/
指定圆弧的第二个点或 [圆心(C)/端点(E)]: c   /*指定圆心*/
指定圆弧的圆心: @0,-500
指定圆弧的端点(按住 Ctrl 键以切换方向)或 [角度(A)/弦长(L)]:

步骤 2：绘制跑道内的方向指示。

命令: _pline   /*绘制跑道内的方向指示*/
指定起点: /*指示跑道起点*/
当前线宽为 0.0000
指定下一个点或 [圆弧(A)/半宽(H)/长度(L)/放弃(U)/宽度(W)]: a
指定圆弧的端点(按住 Ctrl 键以切换方向)或
[角度(A)/圆心(CE)/方向(D)/半宽(H)/直线(L)/半径(R)/第二个点(S)/放弃(U)/宽度(W)]: ce
指定圆弧的圆心: /*指定圆心*/
指定圆弧的端点(按住 Ctrl 键以切换方向)或 [角度(A)/长度(L)]: a
指定夹角(按住 Ctrl 键以切换方向): 180   /*指定角度*/
指定圆弧的端点(按住 Ctrl 键以切换方向)或
[角度(A)/圆心(CE)/闭合(CL)/方向(D)/半宽(H)/直线(L)/半径(R)/第二个点(S)/放弃(U)/宽度(W)]: l
                                      /*绘制直线部分*/
指定下一点或 [圆弧(A)/闭合(C)/半宽(H)/长度(L)/放弃(U)/宽度(W)]: @1000,0
指定下一点或 [圆弧(A)/闭合(C)/半宽(H)/长度(L)/放弃(U)/宽度(W)]: h
指定起点半宽 <0.0000>: 100   /*指定箭头的起点宽度*/
指定端点半宽 <100.0000>: 0   /*指定箭头的终点宽度*/
指定下一点或 [圆弧(A)/闭合(C)/半宽(H)/长度(L)/放弃(U)/宽度(W)]:
指定下一点或 [圆弧(A)/闭合(C)/半宽(H)/长度(L)/放弃(U)/宽度(W)]:

3.5.2 知识点回顾——圆弧工具

使用圆弧工具有以下三种方法。

1）在工具栏选择圆弧工具，如图 3-14 所示。

图 3-14　选择圆弧工具

2）在菜单栏选择"绘图"→"圆弧"命令。

3）在命令行输入命令 arc。

使用以上三种方法中的任何一种方法后。

1）首先指定圆弧的起点 ⟦ARC 指定圆弧的起点或 [圆心(C)]:⟧。

2）指定圆弧的第二个点 ⟦ARC 指定圆弧的第二个点或 [圆心(C) 端点(E)]:⟧。

3）指定圆弧的端点 ⟦ARC 指定圆弧的端点:⟧。

4）完成绘制。

三种绘制圆弧的方式如下。

① 起点，圆心，端点绘制圆弧。指定起点，然后指定圆心，最后指定端点，所得圆弧始终按逆时针进行绘制。

② 起点，圆心，角度绘制圆弧。指定好起点，圆心，然后光标稍微往外拉一点再输入角度值。

③ 起点，圆心，长度绘制圆弧。长度即弦长，根据指定的弦长来绘制圆弧。前两步指定起点和圆心，第三步指定长度直接输入长度然后按空格键就可以了。

任务 3.6　浴缸的绘制——学习绘制椭圆、椭圆弧和样条曲线

客户需要在洗手间摆个浴缸，绘制如图 3-15 所示浴缸图形。

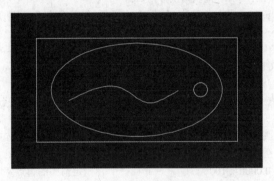

图 3-15　浴缸图形

3.6.1　案例制作——浴缸

步骤 1：使用矩形和椭圆工具绘制浴缸的外观。

```
命令:_rectang                                          /*绘制矩形*/
指定第一个角点或 [倒角(C)/标高(E)/圆角(F)/厚度(T)/宽度(W)]:
指定另一个角点或 [面积(A)/尺寸(D)/旋转(R)]: @2000,-1000
命令:_ellipse                                          /*绘制椭圆*/
指定椭圆的轴端点或 [圆弧(A)/中心点(C)]: _c
指定椭圆的中心点:                                        /*指定椭圆的中心点*/
指定轴的端点: @0,-450                                   /*按照轴长指定椭圆的端点*/
指定另一条半轴长度或 [旋转(R)]: 850                      /*指定另一个轴长*/
命令:_circle                                           /*绘制圆形开关*/
指定圆的圆心或 [三点(3P)/两点(2P)/切点、切点、半径(T)]:
指定圆的半径或 [直径(D)]:
```

步骤2：使用样条曲线绘制装饰线。

```
命令: _spline                                    /*利用样条曲线绘制波浪线*/
当前设置: 方式=拟合    节点=弦
指定第一个点或 [方式(M)/节点(K)/对象(O)]:           /*指定第一个点*/
输入下一个点或 [起点切向(T)/公差(L)]:              /*在关键点处单击*/
输入下一个点或 [端点相切(T)/公差(L)/放弃(U)]:       /*在关键点处单击*/
输入下一个点或 [端点相切(T)/公差(L)/放弃(U)/闭合(C)]:  /*同上*/
输入下一个点或 [端点相切(T)/公差(L)/放弃(U)/闭合(C)]:  /*同上*/
输入下一个点或 [端点相切(T)/公差(L)/放弃(U)/闭合(C)]:  /*同上*/
```

3.6.2　知识点回顾——椭圆工具

使用椭圆工具有以下三种方法。

1）在工具栏选择椭圆工具，如图 3-16 所示。

图 3-16　选择椭圆工具

2）在菜单栏选择"绘图"→"椭圆"命令。

3）在命令行输入命令 ellipse。

使用以上三种方法中的任何一种方法后。

1）首先指定椭圆弧的轴端 `ELLIPSE 指定椭圆的轴端点或 [圆弧(A) 中心点(C)]`。

2）指定轴的另一个端点 `ELLIPSE 指定轴的另一个端点:`。

3）指定另一条半轴的长度 `ELLIPSE 指定另一条半轴长度或 [旋转(R)]:`。

4）完成绘制。

3.6.3　知识点回顾——椭圆弧工具

使用椭圆弧工具有以下三种方法。

1）在工具栏选择椭圆弧工具。

2）在菜单栏选择"绘图"→"椭圆弧"命令。

3）在命令行输入命令 ellipse，并选择"圆弧"选项。

使用以上三种方法中的任何一种方法后。

1）首先指定椭圆弧的轴端或中心点 `ELLIPSE 指定椭圆弧的轴端点或 [中心点(C)]:`。

2）指定轴的另一个端点 `ELLIPSE 指定轴的另一个端点:`。

3）指定另一条半轴的长度 `ELLIPSE 指定另一条半轴长度或 [旋转(R)]:`。

4）指定端点或角度 `ELLIPSE 指定端点角度或 [参数(P) 夹角(I)]:`。

5）完成绘制。

3.6.4　知识点回顾——绘制与编辑样条曲线

用户可以使用样条曲线命令，通过指定的一系列控制点，在指定的误差范围内把控制点拟合成光滑的曲线。使用样条曲线命令的方法如下。

1）在工具栏选择样条曲线工具。

2）在菜单栏选择"绘图"→"样条曲线"命令。

3）在命令行输入命令 spline。

使用样条曲线工具，可以绘制一条光滑的闭合曲线。在菜单栏选择"修改"→"对象"→"样条曲线"命令，或在工具栏单击样条曲线编辑按钮，或直接在命令行输入 SPLINEDIT，就可以编辑选中的样条曲线。

样条曲线编辑命令是一个单对象编辑命令，一次只能编辑一条样条曲线对象。执行该命令并选择需要编辑的样条曲线后，在曲线周围将显示控制点，同时命令行显示如下提示信息。

输入选项 [拟合数据(F)/闭合(C)/移动顶点(M)/精度(R)/反转(E)/放弃(U)]:

命令行提示的各选项功能说明如下：

- 拟合数据：编辑定义样条曲线的拟合数据。
- 打开（或闭合）：将闭合的样条曲线修改为开放样条曲线（或将开放样条曲线修改为连续闭合的曲线）。
- 移动顶点：将拟合点移动到新的位置。
- 精度：通过添加权值控制点并提高样条曲线阶数来修改样条曲线定义。
- 反转：反转样条曲线的方向。
- 放弃：取消上一次的编辑操作。

另外，当用户选中样条曲线对象后，将会显示该对象的夹点，此时，用户可以选择任意夹点，通过对其进行拉伸或移动等操作来改变样条曲线的形状。

任务 3.7　螺母的绘制——学习面域和图案填充

3.7.1　案例制作——螺母

绘制如图 3-17 所示的螺母。

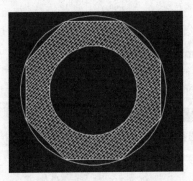

图 3-17　填充颜色的螺母

命令: _polygon 输入侧面数 <4>: 8   /*绘制八边形*/

指定正多边形的中心点或 [边(E)]:   /*任意一点*/

输入选项 [内接于圆(I)/外切于圆(C)] <I>: c

指定圆的半径: 100

命令: <捕捉 开>   /*设置捕捉圆心*/

命令: _circle

指定圆的圆心或 [三点(3P)/两点(2P)/切点、切点、半径(T)]: t

指定对象与圆的第一个切点: /*捕捉八边形边上的一点*/

指定对象与圆的第二个切点: /*捕捉八边形边上的另一点*/

指定圆的半径: 100

命令:_ circle   /*绘制第二个圆*/

指定圆的圆心或 [三点(3P)/两点(2P)/切点、切点、半径(T)]: /*指定圆心*/

指定圆的半径或 [直径(D)] <100.0000>: 60

命令: _bhatch

拾取内部点或 [选择对象(S)/放弃(U)/设置(T)]: 正在选择所有对象...

正在选择所有可见对象...

正在分析所选数据...

正在分析内部孤岛...

3.7.2　知识点回顾——创建与编辑面域

创建与编辑面域的步骤如下。

1）选择"绘图"→"边界"命令。

2）在"对象类型"下拉列表框中选择"面域"选项。

3）单击"确定"按钮后创建的图形将是一个面域，而不是边界。

布尔运算是数学中的一种逻辑运算。使用该操作可以对实体和共面的面域进行添加、剪切或查找面域的交点操作来创建组合面域。形成这些更复杂的面域后，还可以应用填充或者分析它们的面积等特性。用户可从菜单栏中选择"修改"→"实体编辑"→"并集""差集"或"交集"命令，也可以单击工具栏中的"并集""差集"或"交集"按钮，来调用布尔运算命令，"并集""差集"或"交集"运算的说明如下。

- 并集：创建面域的并集。此时需要连续选择要进行并集操作的面域对象，直到按〈Enter〉键，即可将选择的面域合并为一个图形并结束命令。
- 差集：创建面域的差集，使用一个面域减去另一个面域。
- 交集：创建多个面域的交集即各个面域的公共部分。此时需要同时选择两个或两个以上面域对象，然后按〈Enter〉键即可。

3.7.3　知识点回顾——创建与编辑图案填充

图案填充通过指定的线条图案、颜色和比例来填充指定区域。进行图案填充时，首先应创建一个区域边界，这个区域边界必须是封闭的，否则无法进行图案填充。

使用图案填充工具有如下三种方法。

1）在工具栏选择图案填充工具，如图 3-18 所示。

2）在菜单栏选择"绘图"→"图案填充"命令。

3）在命令行输入命令 bhatch。

图 3-18　在工具栏中选择图案填充工具

使用以上三种方法中的任何一种方法后，工具栏变为如图 3-19 所示。

图 3-19　"图案填充"工具栏

选择需要的填充内容后单击绘图窗口中需要填充的部位，完成操作。

实战训练

1. 绘制如图 3-20 所示底板，步骤如下。

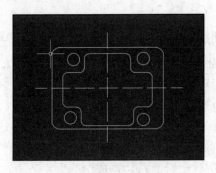

图 3-20　底板

步骤 1：绘制外轮廓---圆角矩形。

```
命令: _rectang
指定第一个角点或 [倒角(C)/标高(E)/圆角(F)/厚度(T)/宽度(W)]: f
指定矩形的圆角半径 <0.0000>: 5          /*设置圆角矩形的半径*/
指定第一个角点或 [倒角(C)/标高(E)/圆角(F)/厚度(T)/宽度(W)]:
                                        /*指定矩形的第一个点*/
指定另一个角点或 [面积(A)/尺寸(D)/旋转(R)]: @70,50
```

步骤 2：绘制辅助线。

```
命令: _line                             /*绘制矩形的中心线作为辅助线*/
指定第一个点:                           /*横向的辅助线*/
指定下一点或 [放弃(U)]:
命令: _line                             /*纵向的辅助线*/
指定第一个点:
指定下一点或 [放弃(U)]:
```

步骤 3：绘制底板的纹路。

命令: _pline   /*绘制底板的纹路*/

指定起点: 4

当前线宽为 0.0000

指定下一个点或 [圆弧(A)/半宽(H)/长度(L)/放弃(U)/宽度(W)]: @11.5,0

指定下一点或 [圆弧(A)/闭合(C)/半宽(H)/长度(L)/放弃(U)/宽度(W)]: a

               /*绘制曲线部分*/

指定圆弧的端点(按住 Ctrl 键以切换方向)或

[角度(A)/圆心(CE)/闭合(CL)/方向(D)/半宽(H)/直线(L)/半径(R)/第二个点(S)/放弃(U)/宽度(W)]: @3,-3

指定圆弧的端点(按住 Ctrl 键以切换方向)或[角度(A)/圆心(CE)/闭合(CL)/方向(D)/半宽(H)/直线(L)/半径(R)/第二个点(S)/放弃(U)/宽度(W)]: l   /*绘制直线部分*/

指定下一点或 [圆弧(A)/闭合(C)/半宽(H)/长度(L)/放弃(U)/宽度(W)]: @0,-5.5

指定下一点或 [圆弧(A)/闭合(C)/半宽(H)/长度(L)/放弃(U)/宽度(W)]: a

指定圆弧的端点(按住 Ctrl 键以切换方向)或[角度(A)/圆心(CE)/闭合(CL)/方向(D)/半宽(H)/直线(L)/半径(R)/第二个点(S)/放弃(U)/宽度(W)]: @3,-3

指定圆弧的端点(按住 Ctrl 键以切换方向)或[角度(A)/圆心(CE)/闭合(CL)/方向(D)/半宽(H)/直线(L)/半径(R)/第二个点(S)/放弃(U)/宽度(W)]: l

指定下一点或 [圆弧(A)/闭合(C)/半宽(H)/长度(L)/放弃(U)/宽度(W)]: @7.5,0

指定下一点或 [圆弧(A)/闭合(C)/半宽(H)/长度(L)/放弃(U)/宽度(W)]: a

指定圆弧的端点(按住 Ctrl 键以切换方向)或[角度(A)/圆心(CE)/闭合(CL)/方向(D)/半宽(H)/直线(L)/半径(R)/第二个点(S)/放弃(U)/宽度(W)]: @3,-3

指定圆弧的端点(按住 Ctrl 键以切换方向)或[角度(A)/圆心(CE)/闭合(CL)/方向(D)/半宽(H)/直线(L)/半径(R)/第二个点(S)/放弃(U)/宽度(W)]: l

指定下一点或 [圆弧(A)/闭合(C)/半宽(H)/长度(L)/放弃(U)/宽度(W)]: @0,-15

指定下一点或 [圆弧(A)/闭合(C)/半宽(H)/长度(L)/放弃(U)/宽度(W)]: a

指定圆弧的端点(按住 Ctrl 键以切换方向)或[角度(A)/圆心(CE)/闭合(CL)/方向(D)/半宽(H)/直线(L)/半径(R)/第二个点(S)/放弃(U)/宽度(W)]: @-3,-3

指定圆弧的端点(按住 Ctrl 键以切换方向)或[角度(A)/圆心(CE)/闭合(CL)/方向(D)/半宽(H)/直线(L)/半径(R)/第二个点(S)/放弃(U)/宽度(W)]: l

指定下一点或 [圆弧(A)/闭合(C)/半宽(H)/长度(L)/放弃(U)/宽度(W)]: @-5.5,0

指定下一点或 [圆弧(A)/闭合(C)/半宽(H)/长度(L)/放弃(U)/宽度(W)]: a

指定圆弧的端点(按住 Ctrl 键以切换方向)或[角度(A)/圆心(CE)/闭合(CL)/方向(D)/半宽(H)/直线(L)/半径(R)/第二个点(S)/放弃(U)/宽度(W)]: @-3,-3

指定圆弧的端点(按住 Ctrl 键以切换方向)或[角度(A)/圆心(CE)/闭合(CL)/方向(D)/半宽(H)/直线(L)/半径(R)/第二个点(S)/放弃(U)/宽度(W)]: l

指定下一点或 [圆弧(A)/闭合(C)/半宽(H)/长度(L)/放弃(U)/宽度(W)]: @0,-5.5

指定下一点或 [圆弧(A)/闭合(C)/半宽(H)/长度(L)/放弃(U)/宽度(W)]: a

指定圆弧的端点(按住 Ctrl 键以切换方向)或[角度(A)/圆心(CE)/闭合(CL)/方向(D)/半宽(H)/直线(L)/半径(R)/第二个点(S)/放弃(U)/宽度(W)]: @-3,-3

指定圆弧的端点(按住 Ctrl 键以切换方向)或[角度(A)/圆心(CE)/闭合(CL)/方向(D)/半宽(H)/直线(L)/半径(R)/第二个点(S)/放弃(U)/宽度(W)]: l

指定下一点或 [圆弧(A)/闭合(C)/半宽(H)/长度(L)/放弃(U)/宽度(W)]: @-13.5,0

               /*右半部分绘制完成*/

命令: _mirror 找到 1 个   /*镜像得到左半部分*/

指定镜像线的第一点: 指定镜像线的第二点:

要删除源对象吗? [是(Y)/否(N)] <N>:✓

步骤 4：绘制四角的圆并复制。

    命令：_circle   /*绘制左上角的圆*/
    指定圆的圆心或 [三点(3P)/两点(2P)/切点、切点、半径(T)]:
    指定圆的半径或 [直径(D)]:
    命令：_copy 找到 1 个   /*复制出另外角上的 3 个圆*/
    当前设置：复制模式 = 多个
    指定基点或 [位移(D)/模式(O)] <位移>:
    指定第二个点或 [阵列(A)] <使用第一个点作为位移>:/*放置合适位置*/
    指定第二个点或 [阵列(A)/退出(E)/放弃(U)] <退出>:/*放置合适位置*/
    指定第二个点或 [阵列(A)/退出(E)/放弃(U)] <退出>:/*放置合适位置*/

2. 绘制如图 3-21 所示洁具侧面图，步骤如下。

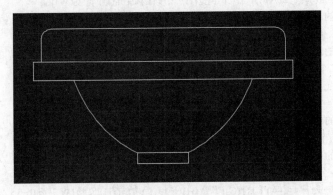

图 3-21　洁具侧面图

步骤 1：绘制盆侧面和盆底的矩形。

    命令：_rectang   /*绘制盆侧面--矩形*/
    指定第一个角点或 [倒角(C)/标高(E)/圆角(F)/厚度(T)/宽度(W)]: <捕捉开>
                                                          /*打开对象捕捉，定义第一个点*/
    指定另一个角点或 [面积(A)/尺寸(D)/旋转(R)]: @510,35
    命令：_line   /*绘制盆底矩形*/
    指定第一个点：140   /*捕捉矩形的中点*/
    指定下一点或 [放弃(U)]: <正交 开> 50   /*捕捉右上角的点*/
    指定下一点或 [放弃(U)]: 20   /*捕捉右下角的点*/
    指定下一点或 [闭合(C)/放弃(U)]: 100   /*捕捉左下角的点*/
    指定下一点或 [闭合(C)/放弃(U)]: 20   /*捕捉左上角的点*/
    指定下一点或 [闭合(C)/放弃(U)]:   /*闭合成矩形*/

步骤 2：绘制盆的弧形外观。

    命令：_arc   /*绘制盆的弧形*/
    指定圆弧的起点或 [圆心(C)]: 80   /*捕捉圆弧的起点*/
    指定圆弧的第二个点或 [圆心(C)/端点(E)]: e
    指定圆弧的端点：   /*指定端点为小矩形的左上角点*/
    指定圆弧的中心点(按住 Ctrl 键以切换方向)或 [角度(A)/方向(D)/半径(R)]: r
    指定圆弧的半径(按住 Ctrl 键以切换方向): 253   /*同样绘制另一条弧*/

46

步骤 3：绘制盆的上沿。

```
命令: _pline              /*绘制盆上沿的圆角矩形，先绘制成普通矩形*/
指定起点: 15
当前线宽为  0.0000
指定下一个点或 [圆弧(A)/半宽(H)/长度(L)/放弃(U)/宽度(W)]: 63
指定下一点或 [圆弧(A)/闭合(C)/半宽(H)/长度(L)/放弃(U)/宽度(W)]: 480
指定下一点或 [圆弧(A)/闭合(C)/半宽(H)/长度(L)/放弃(U)/宽度(W)]:
指定下一点或 [圆弧(A)/闭合(C)/半宽(H)/长度(L)/放弃(U)/宽度(W)]:
命令: _fillet                          /*利用圆角命令绘制矩形的圆角*/
当前设置: 模式 = 修剪，半径 = 0.0000
选择第一个对象或 [放弃(U)/多段线(P)/半径(R)/修剪(T)/多个(M)]: r
指定圆角半径 <0.0000>: 20             /*选择两条边线*/
选择第一个对象或 [放弃(U)/多段线(P)/半径(R)/修剪(T)/多个(M)]:
选择第二个对象，或按住 Shift 键选择对象以应用角点或 [半径(R)]:
命令: _fillet
当前设置: 模式 = 修剪，半径 = 20.0000
选择第一个对象或 [放弃(U)/多段线(P)/半径(R)/修剪(T)/多个(M)]:
选择第二个对象，或按住 Shift 键选择对象以应用角点或 [半径(R)]:
```

小结

本项目介绍了 AutoCAD 2015 提供的绘制直线、矩形、多边形、圆形、圆弧等绘图工具。还介绍了点样式工具、多线工具和多段线工具的使用。希望读者能熟练掌握诸如此类的基础工具，再配合下一个项目的图形编辑功能，才能不断提高作图技能和作图效率。

项目 4　编辑图形对象

本项目要点

- AutoCAD 2015 基础工具的使用（镜像工具、偏移工具、移动和删除工具、复制工具、旋转工具、修建工具拉伸工具、打断工具、缩放工具）
- AutoCAD 2015 绘图工具的使用（倒角工具、圆角工具）
- 绘制燃气灶、洁具侧面图的实战训练

任务 4.1　双开门的绘制——镜像工具的使用

客户的装修设计图中需要双开门，应当怎么绘制呢？效果如图 4-1 所示。

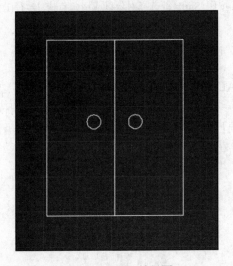

图 4-1　双开门效果图

4.1.1　案例制作——双开门

步骤 1：绘制双开门的外观。

```
命令: _rectang                     /*绘制左半边的矩形门*/
指定第一个角点或 [倒角(C)/标高(E)/圆角(F)/厚度(T)/宽度(W)]:
指定另一个角点或 [面积(A)/尺寸(D)/旋转(R)]: @100,-250
命令: _mirror 找到 1 个             /*镜像一个新矩形*/
指定镜像线的第一点: 指定镜像线的第二点:/*选择矩形右侧边为中心线*/
要删除源对象吗？[是(Y)/否(N)] <N>:↙
```

步骤 2：绘制门把手。

命令: _circle	/*绘制左半边的门把手*/
指定圆的圆心或 [三点(3P)/两点(2P)/切点、切点、半径(T)]:	
指定圆的半径或 [直径(D)]: 10	
命令: _mirror	/*镜像得到右半边的门把手*/
选择对象: 找到 1 个	
选择对象:	/*选择圆*/
指定镜像线的第一点: 指定镜像线的第二点:	/*选择矩形右侧边为中心线*/
要删除源对象吗? [是(Y)/否(N)] <N>:↙	

4.1.2 知识点回顾——镜像工具

如果需要将对象进行对称处理,可以选择使用镜像工具。镜像工具的使用方法如下:

1) 在工具栏选择镜像工具,如图 4-2 所示。

图 4-2 在工具栏中选择镜像工具

2) 在菜单栏选择"修改"→"镜像"命令。

3) 在命令行输入命令 mirror。

使用以上三种方法中的任何一种方法后,命令行变为 `× ⚬ ▲▼ MIRROR 选择对象: ▲`,选择需要镜像的对象,右击结束选择,命令行提示 `× ⚬ ▲▼ MIRROR 指定镜像线的第一点: ▲`,指定第一个镜像点,命令行提示 `× ⚬ ▲▼ MIRROR 选择对象: 指定镜像线的第一点: 指定镜像线的第二点: | ▲`,再指定第二个镜像点,命令行提示 `× ⚬ ▲▼ MIRROR 要删除源对象吗? [是(Y) 否(N)] <N>: | ▲`,按照需求选择是否要删除源对象,完成操作。

任务 4.2 靶子的绘制——偏移工具的使用

如果现在需要绘制如图 4-3 所示的靶子,应当怎样操作呢?可以先绘制一个圆,再将其向外扩散,那么就需要用到偏移工具了。

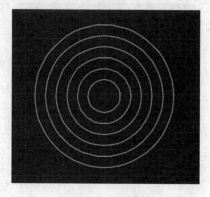

图 4-3 靶子效果图

4.2.1 案例制作——靶子

步骤1：绘制最内侧的小圆。

```
命令: _circle                          /*绘制最内侧的小圆*/
指定圆的圆心或 [三点(3P)/两点(2P)/切点、切点、半径(T)]:      /*指定圆心*/
指定圆的半径或 [直径(D)]: 30
```

步骤2：利用偏移工具将内圆向外扩散。

```
命令: _offset                                          /*单击偏移按钮*/
当前设置: 删除源=否  图层=源  offsetgaptype=0
指定偏移距离或 [通过(T)/删除(E)/图层(L)]<通过>:20         /*设置偏移距离*/
选择要偏移的对象, 或 [退出(E)/放弃(U)] <退出>:            /*选择内圆*/
指定要偏移的那一侧上的点, 或 [退出(E)/多个(M)/放弃(U)] <退出>:
                                                      /*在内圆的外侧单击*/
选择要偏移的对象, 或 [退出(E)/放弃(U)] <退出>:            /*选择刚偏移出的圆*/
指定要偏移的那一侧上的点, 或 [退出(E)/多个(M)/放弃(U)] <退出>:
                                                      /*在内圆的外侧单击*/
选择要偏移的对象, 或 [退出(E)/放弃(U)] <退出>:            /*选择刚偏移出的圆*/
指定要偏移的那一侧上的点, 或 [退出(E)/多个(M)/放弃(U)] <退出>:
                                                      /*在内圆的外侧单击*/
选择要偏移的对象, 或 [退出(E)/放弃(U)] <退出>:            /*选择刚偏移出的圆*/
指定要偏移的那一侧上的点, 或 [退出(E)/多个(M)/放弃(U)] <退出>:
                                                      /*在内圆的外侧单击*/
选择要偏移的对象, 或 [退出(E)/放弃(U)] <退出>:            /*选择刚偏移出的圆*/
指定要偏移的那一侧上的点, 或 [退出(E)/多个(M)/放弃(U)] <退出>:
                                                      /*在内圆的外侧单击*/
```

4.2.2 知识点回顾——偏移工具

当需要对物体的移动实行精确控制时，可以考虑使用偏移工具。偏移工具的使用方法如下：

1）在工具栏选择偏移工具，如图4-4所示。

图4-4 在工具栏中选择偏移工具

2）在菜单栏选择"修改"→"偏移"命令。

3）在命令行输入命令offset。

使用以上三种方法中的任何一种方法后，命令行变为 X ⌐ OFFSET 指定偏移距离或 [通过(T) 删除(E) 图层(L)] <通过>: ▲，可以有以下几种操作：

1）按〈Enter〉键，默认选择"通过"选项，可以定义一个通过点，使对象偏移至通过点的位置，之后命令行变为 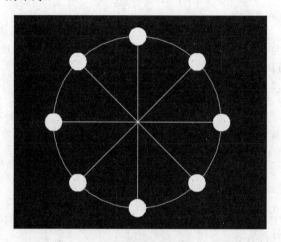 选择要偏移的对象，继而选择要偏移到的位置或者偏移的距离，完成操作。

2）输入 e，命令行变为 ，询问是否删除源对象，按照需求进行选择，后续操作同 1）。

3）输入 l，命令行变为 ，选择偏移对象的图层，后续操作同 1）。

任务 4.3　吊灯的绘制——旋转、修剪、复制、移动和删除工具的使用

绘制如图 4-5 所示的吊灯。

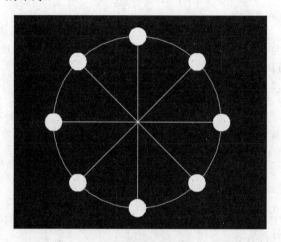

图 4-5　吊灯效果图

4.3.1　案例制作——吊灯

步骤 1：绘制圆形和斜线框架。

```
命令: _circle                    /*绘制圆形框架*/
指定圆的圆心或 [三点(3P)/两点(2P)/切点、切点、半径(T)]:
指定圆的半径或 [直径(D)]: 1000
命令: _line                      /*绘制一条从圆心开始水平向右的直线*/
指定第一个点:                     /*捕捉圆心*/
指定下一点或 [放弃(U)]:            /*可以开启正交模式，绘制水平向右的直线*/
命令: _line                      /*绘制一条从圆心开始水平向左的直线*/
指定第一个点:                     /*捕捉圆心*/
指定下一点或 [放弃(U)]:            /*可以开启正交模式，绘制水平向左的直线*/
命令: _line                      /*绘制一条从圆心开始垂直向上的直线*/
指定第一个点:                     /*捕捉圆心*/
指定下一点或 [放弃(U)]:            /*可以开启正交模式，绘制垂直向上的直线*/
命令: _rotate                    /*旋转直线，使之成为 45 度角的斜线*/
UCS 当前的正角方向: ANGDIR=逆时针  ANGBASE=0
选择对象: 找到 1 个                /*选择水平的直线，右击取消选择*/
```

指定基点: /*选定圆心点为基点*/

指定旋转角度，或 [复制(C)/参照(R)] <0>: 45

命令: _line   /*绘制水平直线*/

指定第一个点: /*捕捉圆点为起点*/

指定下一点或 [放弃(U)]:

命令: _rotate   /*旋转直线，使之成为-45 度角的斜线*/

UCS 当前的正角方向： ANGDIR=逆时针 ANGBASE=0

选择对象: 找到 1 个   /*选择直线*/

指定基点: /*选定圆心点为基点*/

指定旋转角度，或 [复制(C)/参照(R)] <45>: -45

命令: _line   /*绘制水平直线*/

指定第一个点: /*捕捉圆点为起点*/

指定下一点或 [放弃(U)]:

命令: _rotate   /*旋转直线，使之成为 135 度角的斜线*/

UCS 当前的正角方向： ANGDIR=逆时针 ANGBASE=0

选择对象: 找到 1 个   /*选择直线*/

指定基点: /*选定圆心点为基点*/

指定旋转角度，或 [复制(C)/参照(R)] <315>: 135

命令: _rotate   /*旋转左侧水平直线，使之成为 45 度角的斜线*/

UCS 当前的正角方向： ANGDIR=逆时针 ANGBASE=0

选择对象: 找到 1 个   /*选择直线*/

指定基点: /*选定圆心点为基点*/

指定旋转角度，或 [复制(C)/参照(R)] <135>: 45

命令: _line   /*绘制右侧水平直线*/

指定第一个点: /*捕捉圆点为起点*/

指定下一点或 [放弃(U)]:

命令: _line   /*绘制左侧水平直线*/

指定第一个点: /*捕捉圆点为起点*/

指定下一点或 [放弃(U)]:

命令: _trim   /*修剪超出圆的部分*/

当前设置:投影=UCS，边=无

选择剪切边...   /*选择圆作为剪切边*/

选择对象或 <全部选择>: 找到 1 个   /*从右向左框选需要修剪的对象*/

选择对象: /*重复以上操作多次*/

选择要修剪的对象，或按住 Shift 键选择要延伸的对象，或[栏选(F)/窗交(C)/投影(P)/边(E)/删除(R)/放弃(U)]:

  /*重复以上操作多次*/

步骤 2：绘制一个吊灯灯泡。

命令: _circle

指定圆的圆心或 [三点(3P)/两点(2P)/切点、切点、半径(T)]:

指定圆的半径或 [直径(D)] <20.0000>: 100

命令: _hatch   /*为圆填充图案或颜色*/

拾取内部点或 [选择对象(S)/放弃(U)/设置(T)]: 正在选择所有对象...

正在选择所有可见对象...   /*选择圆，拾取圆内部的点*/

正在分析所选数据...

正在分析内部孤岛...

拾取内部点或 [选择对象(S)/放弃(U)/设置(T)]:

命令: _copy 找到 2 个　　　　　　　　　/*把圆拷贝到圆的几个点上*/

当前设置: 复制模式 = 多个

指定基点或 [位移(D)/模式(O)] <位移>:

指定第二个点或 [阵列(A)] <使用第一个点作为位移>:

指定第二个点或 [阵列(A)/退出(E)/放弃(U)] <退出>:

指定第二个点或 [阵列(A)/退出(E)/放弃(U)] <退出>:

指定第二个点或 [阵列(A)/退出(E)/放弃(U)] <退出>:

指定第二个点或 [阵列(A)/退出(E)/放弃(U)] <退出>:

指定第二个点或 [阵列(A)/退出(E)/放弃(U)] <退出>:

指定第二个点或 [阵列(A)/退出(E)/放弃(U)] <退出>:

命令: _move 找到 1 个　　　　　　　　/*把最后一个圆移动到最后的空缺上*/

指定基点或 [位移(D)] <位移>:　　　　　/*指定圆心为基点*/

指定第二个点或 <使用第一个点作为位移>:　/*移动到圆最后的空缺上*/

4.3.2　知识点回顾——移动和删除工具

如果需要将对象进行移动处理，可以选择使用移动工具。移动工具的使用方法如下：

1) 在工具栏选择移动工具，如图 4-6 所示。

图 4-6　在工具栏中选择移动工具

2) 在菜单栏选择"修改"→"移动"命令。

3) 在命令行输入命令 move。

使用以上三种方法中的任何一种方法后，命令行变为 ⊠ ⚒ ⦁ ▾ MOVE 选择对象: ▴，选择需要移动的对象，右击结束选择，命令行提示 ⊠ ⚒ ⦁ ▾ MOVE 指定基点或 [位移(D)] <位移>: ▴，指定第一个基点，命令行提示 ⊠ ⚒ ⦁ ▾ MOVE 指定第二个点或 <使用第一个点作为位移>: ▴，按照需求进行选择第二个基点移动对象，完成操作。

用户可采用以下操作方法之一使用删除工具。使用之后选择要删除的对象，右击即可删除所选对象。

1) 在工具栏选择删除工具。

2) 从菜单栏选择"修改"→"删除"命令。

3) 在命令行输入 erase。

4.3.3　知识点回顾——复制工具

如果需要将对象进行复制处理，可以选择使用复制工具。复制工具的使用方法如下：

1) 在工具栏选择复制工具，如图 4-7 所示。

图 4-7　在工具栏中选择复制工具

2）在菜单栏选择"修改"→"复制"命令。

3）在命令行输入命令 copy。

使用以上三种方法中的任何一种方法后，命令行变为 COPY 选择对象：，选择需要复制的对象，右击结束选择，命令行提示 COPY 指定基点或 [位移(D) 模式(O)] <位移>：，指定第一个基点，命令行提示 COPY 指定第二个点或 [阵列(A)] <使用第一个点作为位移>：，可以有以下几种操作。

1）按照需求选择第二个点进行复制，完成操作。

2）输入 a，命令行变为 COPY 输入要进行阵列的项目数：，按要求输入项目数，命令行变为 COPY 指定第二个点或 [布满(F)]：，后续操作同 1）。

4.3.4　知识点回顾——旋转工具

如果需要将对象进行旋转处理，可以选择使用旋转工具。旋转工具的使用方法如下：

1）在工具栏选择旋转工具，如图 4-8 所示。

图 4-8　在工具栏中选择旋转工具

2）在菜单栏选择"修改"→"旋转"命令。

3）在命令行输入命令 rotate。

使用以上三种方法中的任何一种方法后，命令行变为 ROTATE 选择对象：，选择需要旋转的对象，右击结束命令，命令行提示 ROTATE 指定基点：，指定一个基点，命令行变为 ROTATE 指定旋转角度，或 [复制(C) 参照(R)] <0>：。这时可以有以下几种操作。

1）指定旋转角度，右击完成操作。

2）输入 c，指定旋转角度，右击完成操作。

3）输入 r，命令行变为 ROTATE 指定参照角 <0>：，选择一个参照角，命令行变为 ROTATE 指定参照角 <0>：指定第二点：，指定第二点，命令行变为 ROTATE 指定新角度或 [点(P)] <0>：，这时可以①指定旋转角度，右击完成操作；②输入 p，指定一个点，命令行变为 ROTATE 指定第一点：指定第二点：，指定第二个点完成操作。

4.3.5　知识点回顾——修剪工具

如果需要将对象进行修剪处理，可以选择使用修剪工具。修剪工具的使用方法如下：

1）在工具栏选择修剪工具，如图4-9所示。

图4-9　在工具栏中选择修剪工具

2）在菜单栏选择"修改"→"修剪"命令。

3）在命令行输入命令trim。

使用以上三种方法中的任何一种方法后，命令行变为 ![TRIM 选择对象或 <全部选择>:]，选择需要修剪的对象，或全部选择，命令行变为 ![TRIM [栏选(F) 窗交(C) 投影(P) 边(E) 删除(R) 放弃(U)]:]，输入 r 命令行变为 ![TRIM 选择要删除的对象或 <退出>:]，选择要删除的对象，右击完成操作。

任务 4.4　双人沙发的绘制——拉伸工具的使用

绘制如图4-10所示的双人沙发。

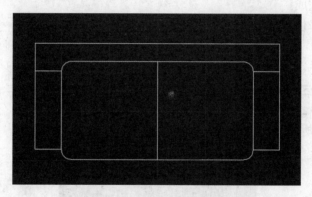

图4-10　双人沙发效果图

4.4.1　案例制作——双人沙发

步骤：打开项目4绘制的单人沙发，然后利用拉伸命令拉伸成双人沙发甚至多人沙发。

```
命令: _stretch            /*选择拉伸按钮*/
以交叉窗口或交叉多边形选择要拉伸的对象...
                          /*从右下方向左上方拖拽鼠标以框选沙发的右半部*/
窗交(C) 套索  -  按空格键可循环浏览选项找到 6 个
选择对象:
指定基点或 [位移(D)] <位移>:        /*指定右下角或者右上角为基点*/
指定第二个点或 <使用第一个点作为位移>: 500 /*向右捕捉拉伸的终点*/
命令: _line                    /*绘制中间的直线*/
指定第一个点:
指定下一点或 [放弃(U)]:
```

4.4.2 知识点回顾——拉伸工具

如果需要将对象进行拉伸处理，可以选择使用拉伸工具。拉伸工具的使用方法如下：

1）在工具栏选择拉伸工具，如图4-11所示。

图4-11 在工具栏中选择拉伸工具

2）在菜单栏选择"修改"→"拉伸"命令。

3）在命令行输入命令 stretch。

使用以上三种方法中的任何一种方法后，命令行变为 × ⚙ 🔺 ▾ STRETCH 选择对象: ▴ ，选择需要拉伸的对象，右击结束选择，命令行提示 × ⚙ 🔺 ▾ STRETCH 指定基点或 [位移(D)] <位移>: ▴ ，可以有以下几种操作：

1）指定一个基点，命令行变为 × ⚙ 🔺 ▾ STRETCH 指定第二个点或 <使用第一个点作为位移>: ▴ ，按照需求指定第二个基点，操作完成。

2）输入 d 选择位移，命令行变为 × ⚙ 🔺 ▾ STRETCH 指定位移 <0.0000, 0.0000, 0.0000>: ▴ ，输入位移的坐标，右击完成操作。

任务 4.5　教室平面图的绘制——阵列、打断、打断于点工具的使用

绘制如图4-12所示的教室平面图。

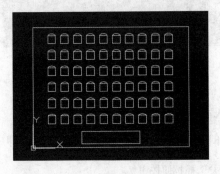

图4-12 教室平面图

4.5.1 案例制作——教室平面图

步骤1：绘制教室的轮廓和讲台。

命令: _rectang　　　　　　　　　　　　/*使用矩形命令绘制教室的大框图*/
指定第一个角点或 [倒角(C)/标高(E)/圆角(F)/厚度(T)/宽度(W)]: 0,0
指定另一个角点或 [面积(A)/尺寸(D)/旋转(R)]: @4000,3000
命令: _line　　　　　　　　　　　　　/*使用直线命令绘制讲台*/

指定第一个点:100/*捕捉中点垂直向上移动鼠标,定位距离中点 100 的点*/
指定下一点或 [放弃(U)]:750/*打开正交模式,沿着向左的水平方向捕捉*/
指定下一点或 [放弃(U)]:300　　　　　　　/*垂直向上捕捉*/
指定下一点或 [闭合(C)/放弃(U)]: 1500　　/*水平向右捕捉*/
指定下一点或 [闭合(C)/放弃(U)]: 300　　/*垂直向下捕捉*/
指定下一点或 [闭合(C)/放弃(U)]:　　　　/*闭合成矩形*/

步骤 2：绘制座椅。

命令: _rectang　　　　　　　　/*先绘制座椅的正方形*/
指定第一个角点或 [倒角(C)/标高(E)/圆角(F)/厚度(T)/宽度(W)]:
指定另一个角点或 [面积(A)/尺寸(D)/旋转(R)]: @200,200
命令: _circle　　　　　　　　/*为正方形添加一个外圆,以此修剪出弧形* /
指定圆的圆心或[三点(3P)/两点(2P)/切点、切点、半径(T)]:/*指定圆心*/
指定圆的半径或 [直径(D)]:　　/*单击选择正方形的一个点以确定半径*/
命令: _break　　　　　　　　/*打断左、右、下的弧线*/
选择对象:　　　　　　　　　/*选择圆,注意单击的点在左右下的弧上*/
指定第二个打断点 或 [第一点(F)]:

　　　　　　　/*选择第二个打断点,依次打断,直到只剩下上面的圆弧*/

步骤 3：利用阵列工具制作班级的座椅摆设。

命令: _arrayrect　　　　　　　　　　/*调用矩阵命令*/
窗口(W) 套索 － 按空格键可循环浏览选项找到 2 个
选择对象:　　　　　　　　　　　/*用套索的方法选择座椅*/
类型 = 矩形　关联 = 是
选择夹点以编辑阵列或[关联(AS)/基点(B)/计数(COU)/间距(S)/列数(COL)
/行数(R)/层数(L)/退出(X)] <退出>:　/*按照指定的数据设置如图**-***/
** 移动 **
指定目标点:　　　　　　　　　　/*指定目标点为教室内的一点*/

4.5.2　知识点回顾——阵列工具

当我们想创建按指定方式排列的对象副本时,可以考虑使用阵列工具进行制作。阵列工具的使用方法如下:

1）在工具栏选择阵列工具,如图 4-13 所示。

2）在菜单栏选择"修改"→"阵列"命令。

3）在命令行输入命令 arrayrect。

使用以上三种方法中的任何一种方法后,命令行变为 ✕ ✕ ⚏ ⁻ ARRAYRECT 选择对象:▲,选择对象后右击,命令行变为 ✕ ✕ ⚏ ARRAYRECT 选择夹点以编辑阵列或 [关联(AS) 基点(B) 计数(COU) 间距(S) 列数(COL) 行数(R) 层数(L) 退出(X)] <退出>: ▲,工具栏变为如图 4-14 所示样式。这时可以根据需要来调节参数。

图 4-13　在工具栏中选择阵列工具

图 4-14　工具栏

4.5.3　知识点回顾——打断工具

如果需要将绘制好的线条打断，可以选择使用打断工具。打断工具的使用方法如下：

1）在工具栏选择打断工具，如图 4-15 所示。

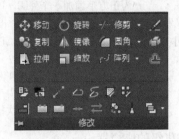

图 4-15　在工具栏中选择打断工具

2）在命令行输入命令 break。

使用以上两种方法中的任何一种方法后，命令行变为 ✕ ⚙ ▦ ▾ BREAK 选择对象：▲ ，这时用鼠标选择需要被打断的对象（鼠标所单击的位置默认为第一个打断点），命令行变为 ✕ ⚙ ▦ ▾ BREAK 指定第二个打断点 或 [第一点(F)]：▲ ，按照需求选择第二个打断点或输入 f 重新选择第一个打断点，右击完成操作。

4.5.4　知识点回顾——打断于点工具

如果需要将绘制好的整体图形中的线条打断，可以选择使用打断于点工具。打断于点工具的使用方法为在工具栏选择打断于点工具，如图 4-16 所示。

使用打断于点工具之后，命令行变为 ✕ ⚙ ▦ ▾ BREAK 选择对象：▲ ，这时用鼠标选择需要被打断的对象，命令行变为 ✕ ⚙ ▦ ▾ BREAK 指定第一个打断点：▲ ，选择第一个打断点之后，命令行变为 ▦ 指定第二个打断点：@ | ✕ × ⚙ ▾ 输入命令 ，选择第二个打断点，绘图窗口出现如图 4-17 所示的菜单，然后根据自己需要选择命令。完成操作后，右击结束命令。

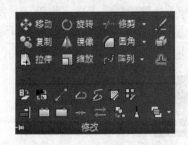

图 4-16　在工具栏中选择打断于点工具

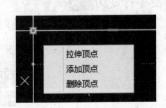

图 4-17　菜单

任务 4.6 茶几的绘制——圆角和倒角工具的使用

绘制如图 4-18 所示茶几图形。

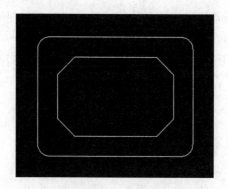

图 4-18 茶几效果图

4.6.1 案例制作——茶几

步骤 1：绘制矩形。

命令: _rectang   /*绘制外轮廓矩形*/
指定第一个角点或 [倒角(C)/标高(E)/圆角(F)/厚度(T)/宽度(W)]:
指定另一个角点或 [面积(A)/尺寸(D)/旋转(R)]: @400,300
命令: _offset   /*向内偏移形成第二个矩形*/
当前设置: 删除源=否 图层=源 offsetgaptype=0
指定偏移距离或 [通过(T)/删除(E)/图层(L)] <通过>: 50
选择要偏移的对象, 或 [退出(E)/放弃(U)] <退出>: /*选择矩形*/
指定要偏移的那一侧上的点, 或 [退出(E)/多个(M)/放弃(U)] <退出>:

步骤 2：利用倒角和圆角工具修剪矩形。

命令: _fillet   /*选择圆角工具*/
当前设置: 模式 = 修剪, 半径 = 0.0000
选择第一个对象或 [放弃(U)/多段线(P)/半径(R)/修剪(T)/多个(M)]: r
指定圆角半径 <0.0000>: 30   /*指定半径*/
选择第一个对象或 [放弃(U)/多段线(P)/半径(R)/修剪(T)/多个(M)]:
选择第二个对象, 或按住 Shift 键选择对象以应用角点或 [半径(R)]:
    /*分别点击外矩形相邻的两条边, 并用相同的方法制作剩下的三个角*/
命令: _chamfer   /*选择倒角工具*/
("修剪"模式) 当前倒角距离 1 = 0.0000, 距离 2 = 0.0000
选择第一条直线或 [放弃(U)/多段线(P)/距离(D)/角度(A)/修剪(T)/方式(E)/多个(M)]: a
                   /*利用角度的设置来修剪倒角*/
指定第一条直线的倒角长度 <0>: 45   /*设置倒角的长度*/
指定第一条直线的倒角角度 <0>: 45   /*设置倒角的角度*/
选择第一条直线或 [放弃(U)/多段线(P)/距离(D)/角度(A)/修剪(T)/方式(E)/多个(M)]:
                   /*分别单击内矩形相邻的两条边*/

选择第二条直线，或按住 Shift 键选择直线以应用角点或 [距离(D)/角度(A)/方法(M)]:

/*用相同的方法制作剩下的三个角*/

4.6.2　知识点回顾——圆角工具

如果需要将绘制好的两条线段用圆角进行连接，可以选择使用圆角工具。圆角工具的使用方法如下：

1）在工具栏选择圆角工具，如图 4-19 所示。

图 4-19　在工具栏中选择圆角工具

2）在菜单栏选择"修改"→"圆角"命令。

3）在命令行输入命令 fillet。

使用以上方法使用圆角工具之后，命令行变为 ⨉⚒ ⚑·FILLET 选择第一个对象或 [放弃(U) 多段线(P) 半径(R) 修剪(T) 多个(M)]: ，通常先确定圆角半径，输入 r，命令行变为 ⨉⚒ ⚑·FILLET 指定圆角半径 <6.0000>: ，输入半径，命令行变回 ⨉⚒ ⚑·FILLET 选择第一个对象或 [放弃(U) 多段线(P) 半径(R) 修剪(T) 多个(M)]: 。之后可以有以下几种操作。

1）若想将图形中所有角变为圆角，输入 p，命令行变为 ⨉⚒ ⚑·FILLET 选择二维多段线或 [半径(R)]: ，鼠标放到图形的任意一条边上，单击完成操作。

2）若想将图形中的某些边角变为圆角，输入 m，单击选择一条边，命令行变为 ⨉⚒ ⚑·FILLET 选择第二个对象，或按住 Shift 键选择对象以应用角点或 [半径(R)]: ，单击选择另一条边，完成操作。

3）若想修改圆角的半径，先输入 r 调整半径，再输入 t，命令行变为 ⨉⚒ ⚑·FILLET 输入修剪模式选项 [修剪(T) 不修剪(N)] <修剪>: ，选择修剪会删掉原圆角，选择不修剪则保留原圆角，之后操作同 2）。

4.6.3　知识点回顾——倒角工具

如果需要将绘制好的两条线段用倒角进行连接，可以选择使用倒角工具。倒角工具的使用方法如下：

1）在工具栏选择倒角工具，如图 4-20 所示。

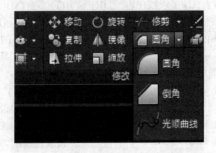

图 4-20　在工具栏中选择倒角工具

2）在菜单栏选择"修改"→"圆角-倒角"命令。

3）在命令行输入命令 chamfer。

使用以上方法后，命令行变为 CHAMFER 选择第一条直线或 [放弃(U) 多段线(P) 距离(D) 角度(A) 修剪(T) 方式(E) 多个(M)]：，通常先确定倒角的规格，有角度和距离两种方法。

1）角度：输入 a，命令行变为 CHAMFER 指定第一条直线的倒角长度 <0.0000>：，输入长度后命令行变为 CHAMFER 指定第一条直线的倒角角度 <0>：。然后选择要进行倒角的对象进行倒角。

2）距离：输入 d，命令行变为 CHAMFER 指定 第一个 倒角距离 <0.0000>：，输入第一个倒角距离后命令行变为 CHAMFER 指定 第二个 倒角距离 <1.0000>：。然后选择要进行倒角的对象进行倒角。

① 若想将图形中所有角变为倒角，输入 p，命令行变为 CHAMFER 选择二维多段线或 [距离(D) 角度(A) 方法(M)]： <选择循环开>，鼠标放到图形的任意一条边上，单击完成操作。

② 若想将图形中的某些边角变为倒角，输入 m，单击选择一条边，命令行变为 CHAMFER 选择二维多段线或 [距离(D) 角度(A) 方法(M)]：，单击选择另一条边，完成操作。

③ 若想修改倒角的规格，先输入 t 选择修剪模式，命令行变为 CHAMFER 输入修剪模式选项 [修剪(T) 不修剪(N)] <修剪>：，按需求选择之后可以根据距离或者角度来修剪倒角，操作方法：先输入 e 选择修剪方式，命令行变为 CHAMFER 输入修剪方法 [距离(D) 角度(A)] <距离>：，选择一个修剪方法，命令行变为 CHAMFER 选择第一条直线或 [放弃(U) 多段线(P) 距离(D) 角度(A) 修剪(T) 方式(E) 多个(M)]：，修改倒角规格后修剪倒角，修剪方法同②。

4.6.4 知识点回顾——缩放工具

如果需要将对象进行缩放处理，可以选择使用缩放工具。缩放工具的使用方法如下：

1）在工具栏选择缩放工具，如图 4-21 所示。

图 4-21 在工具栏中选择缩放工具

2）在菜单栏选择"修改"→"缩放"命令。

3）在命令行输入命令 scale。

使用以上三种方法中的任何一种方法后，命令行变为 SCALE 选择对象：，选择需要缩放的对象，右击结束选择，命令行提示 SCALE 指定基点：，指定一个基点后命令行变为 SCALE 指定比例因子或 [复制(C) 参照(R)]：，这时可以有以下几种操作方法。

1）直接输入要缩放的比例因子，右击完成操作。

2）输入 r，通过参照来选择缩放比例，命令行变为 SCALE 指定参照长度 <1.0000>：，在图形中指定一个参照长度后命令行变为 SCALE 指定参照长度 <1.0000>： 指定第二点：，指定第二点之后命令行变为 SCALE 指定新的长度或 [点(P)] <1.0000>：，这时可以有以下几种操作方法。

① 直接指定图形需要缩放的大小，右击完成操作。

② 输入 p，指定一个参照点，命令行变为 SCALE 指定第一点：，按命令指定一个点后命令行变为 SCALE 指定第一点： 指定第二点：，指定第二个点完成操作。

实战训练

1. 绘制如图 4-22 所示燃气灶。绘制步骤如下。

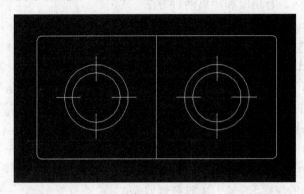

图 4-22　燃气灶效果图

步骤 1：绘制燃气灶的外轮廓矩形和分割线。

命令: _rectang　　　　　　　　　　　　　/*绘制燃气灶的外轮廓*/
指定第一个角点或 [倒角(C)/标高(E)/圆角(F)/厚度(T)/宽度(W)]:
指定另一个角点或 [面积(A)/尺寸(D)/旋转(R)]: @1500,-750
命令: <捕捉 开>　　　　　　　　　　　　/*开启中点捕捉*/
命令: _line　　　　　　　　　　　　　　/*绘制垂直的中心线，用于分开燃气灶的两个炉头*/
指定第一个点:　　　　　　　　　　　　/*捕捉上方长边的中点*/
指定下一点或 [放弃(U)]:　　　　　　　/*捕捉下方长边的中点*/
命令: _break　　　　　　　　　　　　　/*在矩形上方长边的中点位置打断*/
选择对象:　　　　　　　　　　　　　　/*选择矩形上方的长边*/
指定第二个打断点 或 [第一点(F)]: _f
指定第一个打断点:　　　　　　　　　　/*指定中点为打断点*/
指定第二个打断点: @
命令: _break　　　　　　　　　　　　　/*在矩形下方长边的中点位置打断*/
选择对象:　　　　　　　　　　　　　　/*选择矩形下方的长边*/
指定第二个打断点 或 [第一点(F)]: _f
指定第一个打断点:　　　　　　　　　　/*指定中点为打断点*/
指定第二个打断点: @

步骤 2：将燃气灶的外轮廓绘制成 2 行 4 列的表格形状。

命令: _line　　　　　　　　　　　　　　/*绘制连接上下两个中点的线段*/
指定第一个点:
指定下一点或 [放弃(U)]:
命令: _line/*分别捕捉上下两段线段的中点，连接成垂直直线，4 列形成*/
指定第一个点:
指定下一点或 [放弃(U)]:
命令: _linetype　　　　　　　　　　　　/*指定矩形内部的分割线为虚线线型*/
命令: 指定对角点或 [栏选(F)/圈围(WP)/圈交(CP)]:

步骤 3：绘制灶头。

命令: _circle   /*绘制灶头*/
指定圆的圆心或[三点(3P)/两点(2P)/切点、切点、半径(T)]:/*指定圆心*/
指定圆的半径或 [直径(D)]: 100   /*指定半径*/
命令: _offset   /*将圆向外偏移*/
当前设置: 删除源=否   图层=源   OFFSETGAPTYPE=0
指定偏移距离或 [通过(T)/删除(E)/图层(L)] <通过>: 50   /*偏移距离*/
指定要偏移的那一侧上的点，或 [退出(E)/多个(M)/放弃(U)] <退出>:
命令: _mirror   /*镜像一个相同的灶头在另一边*/
选择对象: 找到 1 个
选择对象: 找到 1 个，总计 2 个
指定镜像线的第一点: 指定镜像线的第二点:/*指定中线为中心镜像线*/
要删除源对象吗? [是(Y)/否(N)] <N>:

步骤 4：修剪灶头。

命令: _trim
当前设置:投影=UCS，边=无
选择剪切边...
选择对象或 <全部选择>:
选择要修剪的对象，或按住 Shift 键选择要延伸的对象，或[栏选(F)/窗交(C)/投影(P)/边(E)/删除(R)/放弃(U)]:
重复以上命令

2. 绘制如图 4-23 所示洁具侧面图。绘制步骤如下。

图 4-23   马桶效果图

命令: _rectang
指定第一个角点或 [倒角(C)/标高(E)/圆角(F)/厚度(T)/宽度(W)]: f
指定矩形的圆角半径 <0.0000>: 6
指定第一个角点或 [倒角(C)/标高(E)/圆角(F)/厚度(T)/宽度(W)]:
指定另一个角点或 [面积(A)/尺寸(D)/旋转(R)]: @80,40
命令: _offset

当前设置: 删除源=否 图层=源 offsetgaptype=0

指定偏移距离或 [通过(T)/删除(E)/图层(L)] <通过>: 6

选择要偏移的对象，或 [退出(E)/放弃(U)] <退出>:

指定要偏移的那一侧上的点，或 [退出(E)/多个(M)/放弃(U)] <退出>:

　　　　　　　　　　　　　　　　　　　　　/*修剪第一个角*/

命令: _fillet

当前设置: 模式 = 修剪，半径 = 0.0000

选择第一个对象或 [放弃(U)/多段线(P)/半径(R)/修剪(T)/多个(M)]: r

指定圆角半径 <0.0000>: 6

选择第一个对象或 [放弃(U)/多段线(P)/半径(R)/修剪(T)/多个(M)]:

选择第二个对象，或按住 Shift 键选择对象以应用角点或 [半径(R)]:

命令: _fillet　　　　　　　　　　　　　　　/*修剪第二个角*/

当前设置: 模式 = 修剪，半径 = 6.0000

选择第一个对象或 [放弃(U)/多段线(P)/半径(R)/修剪(T)/多个(M)]:

选择第二个对象，或按住 Shift 键选择对象以应用角点或 [半径(R)]:

命令: _fillet　　　　　　　　　　　　　　　/*修剪第三个角*/

当前设置: 模式 = 修剪，半径 = 6.0000

选择第一个对象或 [放弃(U)/多段线(P)/半径(R)/修剪(T)/多个(M)]:

选择第二个对象，或按住 Shift 键选择对象以应用角点或 [半径(R)]:

命令: _fillet　　　　　　　　　　　　　　　/*修剪第四个角*/

当前设置: 模式 = 修剪，半径 = 6.0000

选择第一个对象或 [放弃(U)/多段线(P)/半径(R)/修剪(T)/多个(M)]:

选择第二个对象，或按住 Shift 键选择对象以应用角点或 [半径(R)]:

命令: _line

指定第一个点:

指定下一点或 [放弃(U)]:

命令: _offset　　　　　　　　　　　　　　　/*将直线向内偏移*/

当前设置: 删除源=否 图层=源 offsetgaptype=0

指定偏移距离或 [通过(T)/删除(E)/图层(L)] <20.0000>:

选择要偏移的对象，或 [退出(E)/放弃(U)] <退出>:

指定要偏移的那一侧上的点，或 [退出(E)/多个(M)/放弃(U)] <退出>:

选择要偏移的对象，或 [退出(E)/放弃(U)] <退出>:

指定要偏移的那一侧上的点，或 [退出(E)/多个(M)/放弃(U)] <退出>:

选择要偏移的对象，或 [退出(E)/放弃(U)] <退出>:

命令: _line　　　　　　　　　　　　　　　　/*绘制中间的连接线*/

指定第一个点:

命令: _ellipse　　　　　　　　　　　　　　　/*绘制椭圆弧*/

指定椭圆的轴端点或 [圆弧(A)/中心点(C)]: _a

指定椭圆弧的轴端点或 [中心点(C)]: c

指定椭圆弧的中心点:

指定轴的端点:

指定另一条半轴长度或 [旋转(R)]: 40

指定起点角度或 [参数(P)]:

指定端点角度或 [参数(P)/夹角(I)]:

命令: _offset　　　　　　　　　　　　　　　/*将椭圆弧向外偏移*/

当前设置: 删除源=否 图层=源 offsetgaptype=0

指定偏移距离或 [通过(T)/删除(E)/图层(L)] <16.0000>:
选择要偏移的对象，或 [退出(E)/放弃(U)] <退出>:
指定要偏移的那一侧上的点，或 [退出(E)/多个(M)/放弃(U)] <退出>:
选择要偏移的对象，或 [退出(E)/放弃(U)] <退出>:
指定要偏移的那一侧上的点，或 [退出(E)/多个(M)/放弃(U)] <退出>:
选择要偏移的对象，或 [退出(E)/放弃(U)] <退出>:
命令: _line   /*绘制直线作修剪边*/
指定第一个点:
指定下一点或 [放弃(U)]:
指定下一点或 [放弃(U)]:
指定下一点或 [闭合(C)/放弃(U)]:
指定下一点或 [闭合(C)/放弃(U)]:
命令: _trim
当前设置:投影=UCS，边=无
选择剪切边...
选择对象或 <全部选择>: 找到 1 个
选择对象:
选择要修剪的对象，或按住 Shift 键选择要延伸的对象，或[栏选(F)/窗交(C)/投影(P)/边(E)/删除(R)/放弃(U)]:
选择要修剪的对象，或按住 Shift 键选择要延伸的对象，或[栏选(F)/窗交(C)/投影(P)/边(E)/删除(R)/放弃(U)]:

小结

在使用 AutoCAD 2015 的过程中，用户不仅仅是在绘制新的图形，也是在不断地修改已有的图形元素。通过本项目介绍的图形编辑工具，读者能方便快捷地改变对象的大小及形状，而且还可以通过编辑现有的图形形成新的对象。只有熟练掌握 AutoCAD 的图像绘制和图像修改知识，才能灵活高效率地工作。

项目 5　文字和表格

本项目要点

● 设置文字样式的方法，创建和编辑单行文字、多行文字的方法，设置文字样式、编辑所标注的文字

● 表格的使用方法及编辑技巧

● 特殊字符的录入技巧

任务 5.1　图名标注——学习创建文字样式和单行文字

建筑图纸的图名标注如图 5-1 所示。

标准层平面图　1：100

图 5-1　建筑图纸的图名标注

5.1.1　案例制作——图名标注

步骤 1：创建文字样式。

1）选择"默认"→"注释"→"文字样式"命令，或在命令行输入 st 命令，并按〈Enter〉键，弹出"文字样式"对话框，如图 5-2 所示。

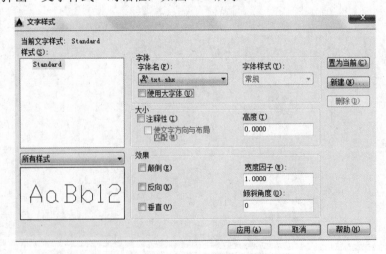

图 5-2　"文字样式"对话框

2）创建新的文字样式。单击"新建"按钮，在弹出的"新建文字样式"对话框中输入"样式名"，如图5-3所示。单击"确定"按钮后，新建的文字样式将显示在"样式"列表框内，并自动置为当前。

图5-3 "新建文字样式"对话框

3）设置文字样式的字体。在"字体"选项组中选择字体，如图5-4所示。

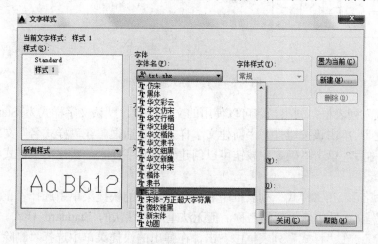

图5-4 "字体"选项组

步骤2：单行文字输入。

1）选择"默认"→"注释"→"单行文字"命令或选择"绘图"→"文字"→"单行文字"命令，或在命令行输入 text 命令，并按〈Enter〉键，执行命令。

2）指定文字的高度和旋转角度，命令行操作如下：

命令: _text
当前文字样式: "样式 1" 文字高度: 2.5000 注释性: 否 对正: 左
指定文字的起点或 [对正(J)/样式(S)]:
指定高度 <2.5000>: 20
指定文字的旋转角度 <0>:

3）输入文字"标准层平面图 1：100"，按〈Enter〉键结束，即可得到图 5-1 所示的建筑图纸的图名标注。

5.1.2　知识点回顾——创建文字样式

（1）设置样式名

如图 5-5 所示，"文字样式"对话框的"样式"选项组中显示了文字样式的名称、创建新的文字样式、为已有的文字样式重命名或删除文字样式，各选项的含义如下。

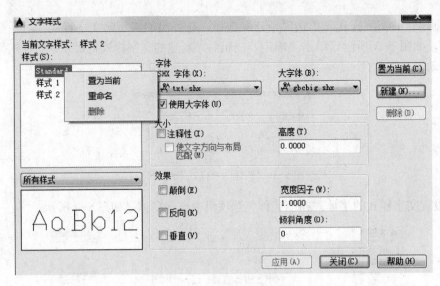

图 5-5 "文字样式"对话框

① "样式"列表框:列出当前可以使用的文字样式,默认文字样式为 Standard。

② "新建":单击该按钮打开"新建文字样式"对话框。在"样式名"文本框中输入新建文字样式名称后,单击"确定"按钮可以创建新的文字样式。新建文字样式将显示在"样式"列表框中。

③ "重命名":在"样式"列表框中右击,在弹出的快捷菜单中选择"重命名"命令,可在"样式名"文本框中输入新的名称,但无法重命名默认的 Standard 样式。

④ "删除":在"样式"列表框中右击,在弹出的快捷菜单中选择"删除"命令,可以删除某一已有的文字样式,但无法删除已经使用的文字样式和默认的 Standard 样式。

(2)设置字体

"文字样式"对话框的"字体"选项组用于设置文字样式使用的字体和字高等属性。

① "字体"下拉列表框用于选择字体。

② "字体样式"下列表框用于选择字体格式,如常规字体等。

③ 选中"使用大字体"复选框,"字体样式"下拉列表框变为"大字体"下拉列表框,用于选择大字体文件。

④ "高度"文本框用于设置文字的高度。如果将文字的高度设为 0,在使用 text 命令标注文字时,命令行将显示"指定高度:"提示,要求指定文字的高度。如果在"高度"文本框中输入了文字高度,AutoCAD 将按此高度标注文字,而不再提示指定高度。

(3)设置文字效果

在"文字样式"对话框中,使用"效果"选项组中的选项可以设置文字的颠倒、反向、垂直等显示效果,如图 5-6 所示。

在"宽度因子"文本框中可以设置文字字符的高度和宽度之比,当"宽度比例"值为 1时,将按系统定义的高宽比书写文字;当"宽度比例"小于 1 时,字符会变窄;当"宽度比例"大于 1 时,字符则变宽。在"倾斜角度"文本框中可以设置文字的倾斜角度,角度为 0°时不倾斜;角度为正值时向右倾斜;为负值时向左倾斜。

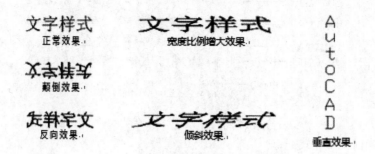

图5-6　文字效果

（4）预览与应用文字样式

在"文字样式"对话框左下角的"预览"窗口，可以预览所选择或所设置的文字样式效果。设置完文字样式后，单击"应用"按钮即可应用文字样式。然后单击"关闭"按钮，关闭"文字样式"对话框。

5.1.3　知识点回顾——单行文字输入

1）执行方式如下：

① 选择"默认"→"注释"→"单行文字"命令；

② 选择"绘图"→"文字"→"单行文字"命令；

③ 在命令行输入 text 命令，并按〈Enter〉键。

2）命令行操作如下：

> 命令: _text
> 当前文字样式：　"样式 1"　文字高度: 2.5000　注释性: 否　对正: 左
> 指定文字的起点或 [对正(J)/样式(S)]:

3）选项说明如下：

① 指定文字的起点。在此提示下直接在绘图窗口中点取一点作为文本的起始点，命令行提示如下：

> 指定高度 <2.5000>:
> 指定文字的旋转角度 <0>:
> 输入文字：/*输入文本*/
> 输入文字：/*输入文本或按〈Enter〉键*/

② 对正（J）。在命令行提示下输入 j，用来确定文本的对齐方式。对齐方式决定文本的哪一部分与所选的插入点对齐。执行此操作，命令行提示如下：

> 输入选项 [左(L)/居中(C)/右(R)/对齐(A)/中间(M)/布满(F)/左上(TL)/中上(TC)/右上(TR)/左中(ML)/正中(MC)/右中(MR)/左下(BL)/中下(BC)/右下(BR)]:

在 AutoCAD 2015 中，系统为文字提供了多种对正方式，如图5-7所示。

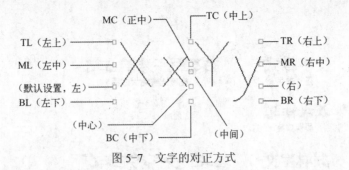

图 5-7 文字的对正方式

③ 设置当前文字样式。

在"指定文字的起点或[对正(J)/样式(S)]:"提示下输入 s，可以设置当前使用的文字样式。选择该选项时，命令行提示如下：

输入样式名或 [?] <Standard>:

可以直接输入文字样式的名称，也可输入?，命令行提示如下：

输入样式名或 [?] <Standard>: ?
输入要列出的文字样式 <*>:
文字样式:
样式名: "Standard"　字体文件: txt,gbcbig.shx
　高度: 0.0000　宽度因子: 1.0000　倾斜角度: 0
　生成方式: 常规
当前文字样式: Standard
当前文字样式: "Standard"　文字高度: 2.5000　注释性: 否　对正: 左

④ 指定文字的高度和旋转角度，命令行操作如下：

命令: _text
当前文字样式: "样式 1"　文字高度: 2.5000　注释性: 否　对正: 左
指定文字的起点或 [对正(J)/样式(S)]:
指定高度 <2.5000>:　　　　　　　　　　　　　　　/*输入文字高度*/
指定文字的旋转角度 <0>:　　　　　　　　　　　　　/*输入旋转角度*/

4）输入所需的单行文字，按〈Enter〉键结束。

任务 5.2　文字说明的标注——学习创建和编辑多行文字

建筑图纸中的文字说明标注如图 5-8 所示。

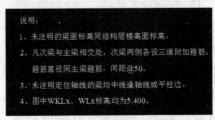

图 5-8　文字说明的标注

5.2.1 案例制作——文字说明的标注

步骤 1：创建新的文字样式。

1）选择"默认"→"注释"→"文字样式"命令，或在命令行输入 st 命令，并按〈Enter〉键，弹出"文字样式"对话框。

2）创建新的文字样式。单击"文字样式"对话框中的"新建"按钮，在弹出的"新建文字样式"对话框中输入样式名为"文字说明"，单击"确定"按钮后，新建的文字样式将显示在"样式"列表框内，并自动置为当前。

3）设置文字样式的字体。在"字体"选项组中选择"宋体"字体。单击"关闭"按钮，新建的文字样式如图 5-9 所示。

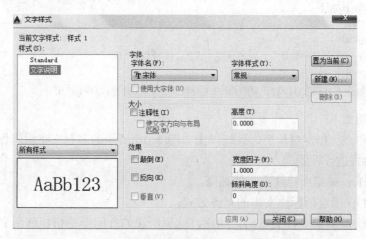

图 5-9 "文字样式"对话框

步骤 2：多行文字输入。

1）选择"默认"→"注释"→"多行文字"命令或选择"绘图"→"文字"→"多行文字"命令，或在命令行输入 mtext 命令，并按〈Enter〉键，执行命令后，命令行操作如下：

```
命令:_mtext
当前文字样式:"文字说明"  文字高度:2.5  注释性: 否
指定第一角点:
```

2）在指定对角点后，确定一个输入多行文字的文本框，同时弹出多行文字编辑器，在文字编辑器下的文本框里用键盘输入文字，如图 5-10 所示。

图 5-10 多行文字编辑器

3）在多行文字编辑器里设置文字的样式、字体、字高等，输入如图 5-8 所示的文字说明，单击文字编辑器中的"关闭"按钮即可完成文字说明的输入。

5.2.2 知识点回顾——多行文字的输入

1）执行方式如下：

① 选择"默认"→"注释"→"多行文字"命令；

② 选择"绘图"→"文字"→"多行文字"命令；

③ 在命令行输入 mtext 命令，并按〈Enter〉键。

2）命令行操作如下：

> 命令: _mtext
> 当前文字样式:"文字说明"   文字高度: 2.5 注释性: 否
> 指定第一角点:
> 指定对角点或 [高度(H)/对正(J)/行距(L)/旋转(R)/样式(S)/宽度(W)/栏(C)]:

3）选项说明如下：

① 指定对角点：指定对角后，系统弹出如图 5-10 所示的多行文字编辑器，可以利用此编辑器对文本格式进行设置。

② 高度（H）：确定所标注文本的高度。

③ 对正（J）：确定所标注文本的对齐方式。

④ 行距（L）：确定多行文本的行间距，这里所说的行间距是指相邻两文本行的基线之间的垂直距离。

⑤ 旋转（R）：确定文本行的倾斜角度。

⑥ 样式（S）：确定当前的文本样式。

⑦ 宽度（W）：指定多行文本的宽度。

4）"多行文字"选项卡。

选择菜单"默认"→"注释"→"多行文字"命令，在主窗口会打开"多行文字"选项卡，包括如图 5-11 所示的"样式""格式""段落""插入"等面板，可以根据不同的需要对多行文字进行编辑和修改。

图 5-11 "多行文字"选项卡

① "样式"面板：可以选择文字样式，选择或输入文字高度。

② "格式"面板：可以对字体进行设置，如可以修改为粗体、斜体等。可以选择自己需要的字体和颜色，其中"字体"下拉列表框如图 5-12 所示，"颜色"下拉列表框如图 5-13 所示。

图 5-12 "字体"下拉列表框

图 5-13 "颜色"下拉列表框

③ "段落"面板：可以对段落进行设置，包括对正、编号、分布、对齐等的设置，其中"对正"下拉列表框如图 5-14 所示。

④ "插入"面板：可以插入符号、字段，进行分栏设置，其中"符号"下拉列表框如图 5-15 所示。

图 5-14 "对正"下拉列表框

图 5-15 "符号"下拉列表框

在实际绘图时，有时需要标注一些特殊字符，这些特殊字符可在"符号"下拉列表框中选择，列表中没有的字符可以单击"其他"按钮，弹出如图 5-16 所示的"字符映射表"对话框中，可以从中进行选择。

⑤ "拼写检查"面板：将文字输入图形中时可以检查所有文字的拼写。也可以指定已使用的特定语言的词典并自定义和管理多个自定义拼写词典。

⑥ "工具"面板：可以搜索指定的文字字符串并用新文字进行替换。

图 5-16 "字符映射表"对话框

⑦"选项"面板:"放弃"按钮与"重做"按钮分别用于放弃和重做在多行文字编辑器中的操作,包括对文字内容和文字格式所做的修改。"标尺"按钮用于控制文本输入区上方标尺的显示与隐藏。"更多"按钮用于显示其他文字选项列表。单击该按钮,弹出图 5-17 所示的"更多"下拉列表,在此可以选择字符集和设置编辑器等。

图 5-17 "更多"下拉列表

⑧"关闭"面板:该面板只有一个"关闭文字编辑器"按钮,将关闭文字编辑器并保存所做的所有更改。

任务 5.3 门窗表的绘制——学习创建和编辑表格、设置表格样式

建筑图纸中门窗表的绘制如图 5-18 所示。

门窗名称	洞口尺寸	门窗数量	备注
C1-1	400×1400	12	铝合金窗
C1	600×1400	48	铝合金窗
C2	800×1400	36	铝合金窗
C3	1000×1600	12	铝合金窗
C4	1200×1600	48	铝合金窗
M1	1800×2200	1	不锈钢门
M2	1200×2100	12	乙级防火门
M3	1000×2100	34	不锈钢门
M4	900×2100	117	木门

图 5-18 门窗表的绘制

74

5.3.1 案例制作——门窗表的绘制

步骤1：设置表格样式。

1）选择菜单栏中的"格式"→"表格样式"命令，弹出"表格样式"对话框，如图 5-19 所示。

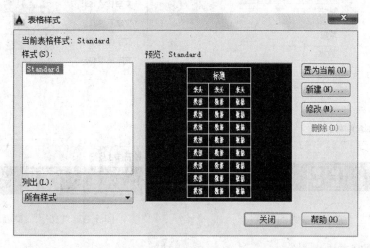

图 5-19 "表格样式"对话框

2）创建新的表格样式。单击"表格样式"对话框中的"新建"按钮，弹出如图 5-20 所示的"创建新的表格样式"对话框。新建样式名为"门窗表格"。单击"继续"按钮，弹出如图 5-21 所示的"新建表格样式：门窗表格"对话框。

图 5-20 "创建新的表格样式"对话框　　　　图 5-21 "新建表格样式：门窗表格"对话框

3）设置表格参数。在弹出的"新建表格样式：门窗表格"对话框中设置"常规"选项卡如图 5-22 所示。

设置"文字"选项卡如图 5-23 所示。"文字高度"设置为 5。设置完成后单击"新建表格样式：门窗表格"对话框中的"确定"按钮，即可完成表格样式的设置。

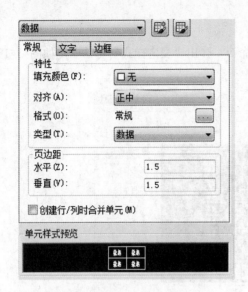

图 5-22 "常规"参数的设置

图 5-23 "文字"参数的设置

步骤 2：绘制表格。

1）选择"默认"→"注释"→"表格"命令，弹出"插入表格"对话框，如图 5-24 所示。

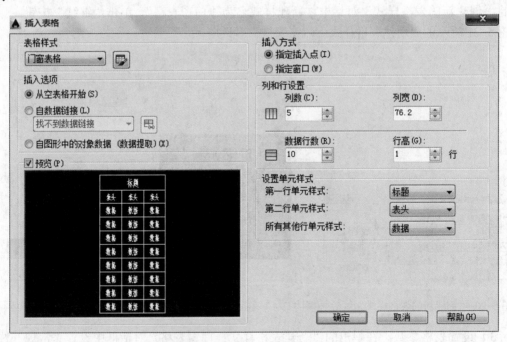

图 5-24 "插入表格"对话框

2）在弹出的"插入表格"对话框中，设置表格参数如图 5-25 所示。

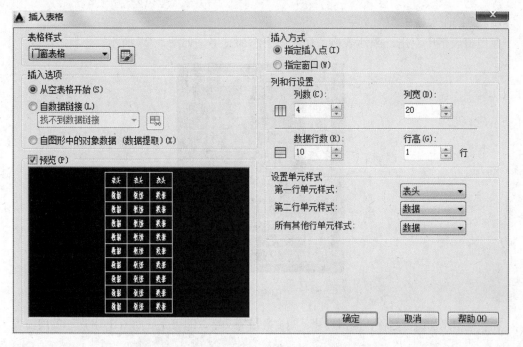

图 5-25 在"插入表格"对话框中修改表格参数

完成参数设置后，单击"插入表格"对话框右下角的"确定"按钮，即在光标处动态显示表格，此时只需在绘图区指定一个"插入点"，即可完成空表格的插入，如图 5-26 所示。

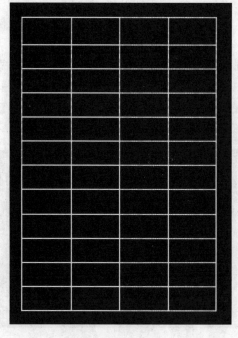

图 5-26 空表格

步骤 3：在表格中添加文字。

在门窗表格中双击，激活表格，在表格中添加文字。如图 5-27 所示。

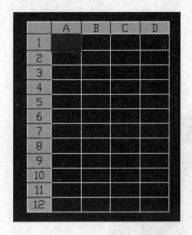

图 5-27 在"门窗表格"中添加文字

在表格中添加门窗名称、洞口尺寸、门窗数量等文字，即可完成如图 5-18 所示的门窗表。

5.3.2 知识点回顾——设置表格样式

1）执行方式如下：

① 选择菜单栏中的"格式"→"表格样式"命令；

② 选择"注释"→"表格"→"表格样式"命令；

③ 在命令行输入 tablestyle 命令，并按〈Enter〉键。

2）执行上述命令后，系统打开"表格样式"对话框。表格示例如图 5-28 所示。

3）选项说明如下：

①"新建"按钮：单击该按钮，系统弹出"创建新的表格样式"对话框。输入新的表格样式名后，单击"继续"按钮，系统打开"新建表格样式"对话框。在"新建表格样式"对话框中，可以控制表格中的数据、列标题和总标题的有关参数。在对话框中的"单元样式"参数中包括"常规""文字"和"边框"3 个选项卡。如图 5-29 所示。

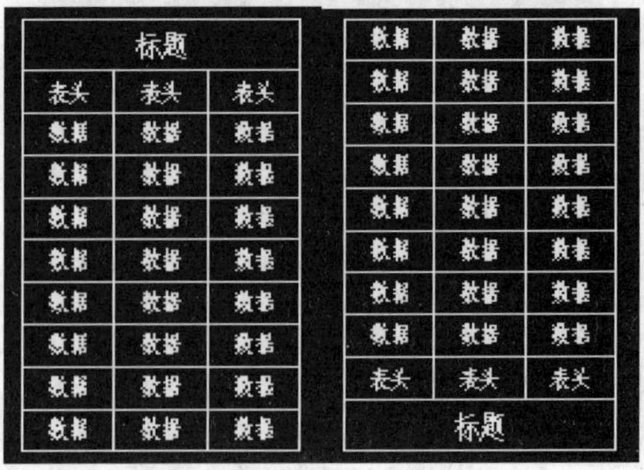

图 5-28 表格示例

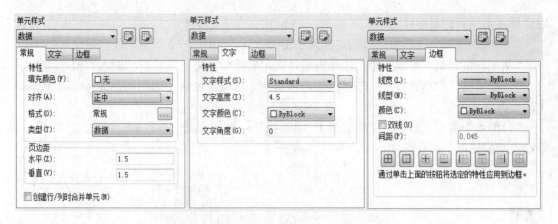

图 5-29　单元样式参数中的"常规""文字"和"边框"选项卡

"常规"选项卡：可以设置单元的一些基本特性，如颜色、格式等。

"文字"选项卡：可设置单元内文字的特性，如样式、颜色、高度等。

"边框"选项卡：可设置表格边框的格式，包括边框的线宽、线型、颜色等。

② "修改"按钮：对当前表格样式进行修改，方式与新建表格样式相同。

5.3.3　知识点回顾——创建和编辑表格

1）执行方式如下：

① 选择菜单栏中的"绘图"→"表格"命令；

② 选择"默认"→"注释"→"表格"命令；

③ 在命令行输入 table 命令，并按〈Enter〉键。

2）执行上述命令后，系统弹出"插入表格"对话框，如图 5-30 所示。

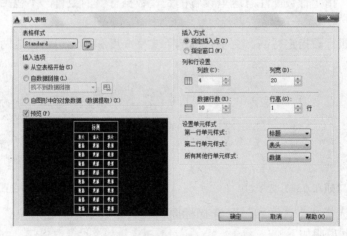

图 5-30　"插入表格"对话框

3）选项说明如下：

① "表格样式"选项组：可选择插入的表格要应用的样式，如图 5-31 所示。

其下拉列表框内显示当前文件中所有的表格样式。单击 按钮，还可打开"表格样式"

对话框以定义新的表格样式。

②"插入选项"选项组：可指定插入表格的方式，如图5-32所示，各参数说明如下。

"从空表格开始"单选按钮：选择该项，表示创建空表格，然后手动输入数据。

"自数据链接"单选按钮：选择该项，可以从外部电子表格（如Microsoft Office Excel）中的数据创建表格。

"自图形中的对象数据（数据提取）"单选按钮：选择该项，然后单击"确定"按钮，将启动"数据提取"向导。

图5-31 "表格样式"选项组

图5-32 "插入选项"选项组

③"插入方式"选项组：可指定表格插入的方式为"指定插入点"或"指定窗口"，如图5-33所示，各参数说明如下。

"指定插入点"单选按钮：表示通过指定表格左上角的位置插入表格。

"指定窗口"单选按钮：表示通过指定表格的大小和位置插入表格。选择此选项时，行数、列数和行高取决于窗口的大小以及"列和行设置"。

④"列和行设置"选项组：可以设置列和行的数目和大小，如图5-34所示，各参数说明如下。

"列数"：用于指定列数。

"列宽"：用于指定列的宽度。

"数据行数"：指定行数。注意这里设置的是"数据行"的数目，不包括"标题"和"表头"。

"行高"：按照行数指定行高。文字行高基于文字高度和单元边距，这两项均在"表格样式"中设置。

图5-33 "插入方式"选项组

图5-34 "列和行设置"选项组

⑤"设置单元样式"选项组：可选择标题、表头和数据行的相对位置，如图5-35所示，各下拉列表框说明如下。

图5-35 "设置单元样式"选项组

"第一行单元样式"下拉列表框：用于指定表格中第一行的单元样式。默认情况下，使用"标题"单元样式。

"第二行单元样式"下拉列表框：用于指定表格中第二行的单元样式。默认情况下，使用"表头"单元样式。

"所有其他行单元样式"下拉列表框：用于指定表格中其他行的单元样式。默认情况下，使用"数据"单元样式。

4）编辑表格文字。

① 执行方式：表格内双击，或在命令行输入 tabledit，并按〈Enter〉键。

② 操作步骤：执行上述命令后，系统打开多行文字编辑器，用户可以对指定表格单元的文字进行编辑。

实战训练

利用前面所学的各种绘制和编辑文字表格的方法绘制如图 5-36 所示的建筑节能设计说明。

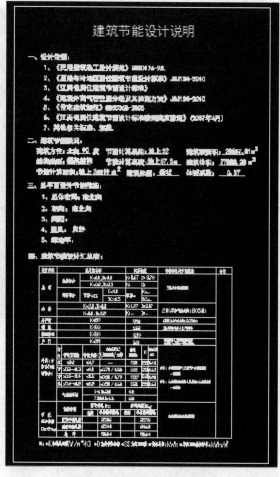

图 5-36　建筑节能设计说明

步骤 1：创建新的文字样式。

1）选择"默认"→"注释"→"文字样式"命令，或在命令行输入 st 命令，并按〈Enter〉键，弹出"文字样式"对话框。

2）创建新的文字样式。单击"文字样式"对话框中的"新建"按钮，在弹出的"新建文字样式"对话框中输入样式名为"建筑节能设计说明"，单击"确定"按钮后，新建的文字样式将显示在"样式"列表框内，并自动置为当前。

3）设置文字样式的字体。在"字体"选项组中选择"宋体"字体，单击"关闭"按钮。

步骤 2：多行文字输入。

1）选择"默认"→"注释"→"多行文字"命令或选择"绘图"→"文字"→"多行文字"命令，或在命令行输入 mtext 命令，并按〈Enter〉键。

2）在指定对角点后，确定一个输入多行文字的文本框，同时弹出多行文字编辑器，在文字编辑器下的文本框里用键盘输入文字。

3）在多行文字编辑器里设置文字的样式、字体、字高等，输入如图 5-37 所示的建筑节能文字说明，单击文字编辑器中的"关闭"按钮即可完成文字说明的输入。

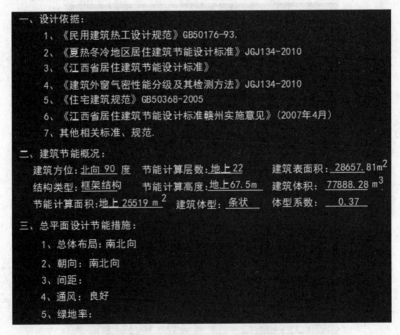

图 5-37　建筑节能文字说明

步骤 3：设置表格样式。

1）选择菜单栏中的"格式"→"表格样式"命令，弹出"表格样式"对话框。

2）创建新的表格样式。单击"表格样式"对话框中的"新建"按钮，弹出"创建新的表格样式"对话框。新建样式名为"建筑节能设计汇总表"，单击"继续"按钮。

3）设置表格参数。在弹出的"新建表格样式"对话框中设置好"常规""文字""边框"等参数。

步骤 4：绘制表格。

1）选择"默认"→"注释"→"表格"命令，弹出"插入表格"对话框。

2）在弹出"插入表格"对话框中，设置表格参数。包括表格行数、列数、行高、列宽和单元样式等。

完成参数设置后，单击"插入表格"对话框右下角的"确定"按钮，即在光标处动态显示表格，此时只需在绘图区指定一个"插入点"，即可完成空表格的插入。

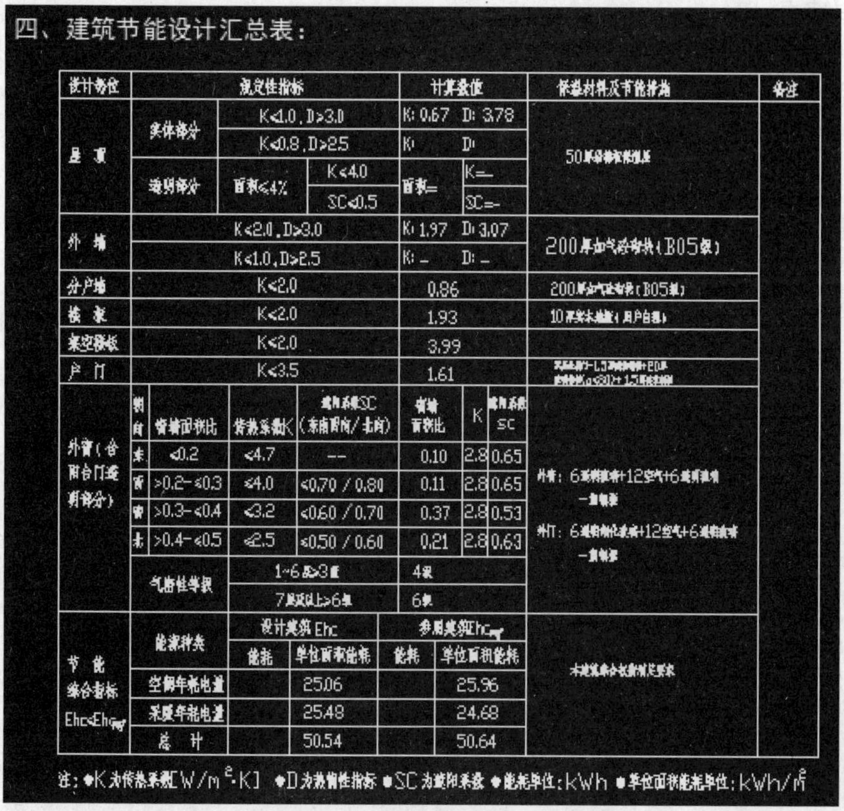

图 5-38　建筑节能设计汇总表

步骤 5：在表格中添加文字。

在表格中双击，激活表格。在表格中添加设计部位、规定性指标、计算数值、保温材料及节能措施等文字，即可完成图 5-38 所示的建筑节能设计汇总表。

小结

本项目主要介绍了 AutoCAD 软件中文字和表格的绘制和编辑方法，包括设置文字样式的方法，创建和编辑文字、设置文字样式、编辑所标注的文字的方法，表格的使用方法及编辑技巧，特殊字符的输入技巧等内容。通过实际案例的学习，希望读者能够掌握绘制和编辑文字表格的基本命令，能够绘制和编辑基本的文字表格。

项目 6 标   注

本项目要点
- 多重标注工具的使用（线性、角度、直径、半径、同心、弧长、坐标、引线和快速标注）
- 尺寸标注组成和标注规则以及设置标注样式

任务 6.1 信息的标注——学习线性、角度、直径和半径标注

设计图需要对重要信息进行标注，应当怎么绘制呢？如图 6-1 所示。

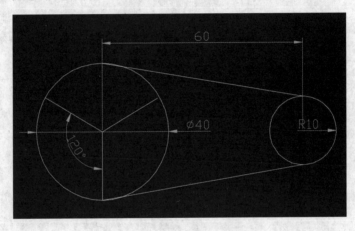

图 6-1　皮带传动效果图

6.1.1 案例制作——皮带传动的绘制及标注

步骤 1：绘制齿轮，选择圆形工具（或在命令行输入 c），命令行操作如下：

命令: _circle
指定圆的圆心或 [三点(3P)/两点(2P)/切点、切点、半径(T)]:
指定圆的半径或 [直径(D)]: 20
命令: _line
指定第一个点:
指定下一点或 [放弃(U)]: 60
命令: _circle
指定圆的圆心或 [三点(3P)/两点(2P)/切点、切点、半径(T)]:
指定圆的半径或 [直径(D)] : 10

步骤 2：绘制皮带。选择直线命令(或在命令行输入 line)，命令行操作如下：

命令: _line
指定第一个点:
指定下一点或 [放弃(U)]:
指定下一点或 [放弃(U)]:
命令: _line
指定第一个点:
指定下一点或 [放弃(U)]:
指定下一点或 [放弃(U)]:

步骤 3：皮带内纹路。选择直线命令（或在命令行输入 line），命令行操作如下：

命令: _line
指定第一个点:
指定下一点或 [放弃(U)]:0
指定下一点或 [放弃(U)]:
命令: _line
指定第一个点:
指定下一点或 [放弃(U)]: 30
指定下一点或 [放弃(U)]:
命令: _line
指定第一个点:
指定下一点或 [放弃(U)]: 150
指定下一点或 [放弃(U)]:

步骤 4：信息标注。选择标注命令，命令行操作如下：

命令: _dimlinear
指定第一个尺寸界线原点或 <选择对象>:
指定第二条尺寸界线原点:
指定尺寸线位置或[多行文字(M)/文字(T)/角度(A)/水平(H)/垂直(V)/旋转(R)]:
标注文字 = 60
命令: _dimangular
选择圆弧、圆、直线或 <指定顶点>:
命令: _dimangular
选择圆弧、圆、直线或 <指定顶点>:
选择第二条直线:
指定标注弧线位置或 [多行文字(M)/文字(T)/角度(A)/象限点(Q)]:
标注文字 = 120
命令: _dimradius
选择圆弧或圆:
标注文字 = 10
指定尺寸线位置或 [多行文字(M)/文字(T)/角度(A)]:
命令: _dimdiameter
选择圆弧或圆:
标注文字 = 40
指定尺寸线位置或 [多行文字(M)/文字(T)/角度(A)]:

6.1.2 知识点回顾——线性标注

使用线性标注有以下三种方法。

1）在工具栏选择线性标注，如图 6-2 所示。

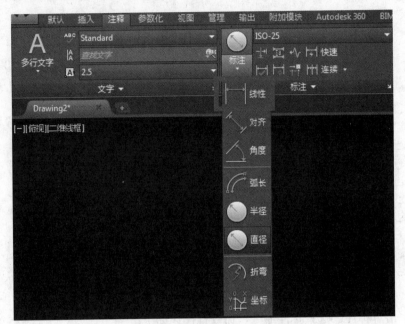

图 6-2 在工具栏中选择线性标注

2）选择"标注"→"标注"→"线性"命令。

3）在命令行输入命令 dimlinear。

使用以上三种方法中的任何一种方法后，命令行变为 DIMLINEAR 指定第一个尺寸界线原点或 <选择对象>：，指定第一个点后，命令行变为 DIMLINEAR 指定第二条尺寸界线原点：，指定第二个点后，命令行变为 DIMLINEAR [多行文字(M) 文字(T) 角度(A) 水平(H) 垂直(V) 旋转(R)]：，根据需要输入命令或在操作视图中选取标注所在的位置。鼠标左键选定位置，操作结束。

6.1.3 知识点回顾——角度标注

使用角度标注有以下三种方法。

1）在工具栏选择角度标注，如图 6-3 所示。

2）选择"标注"→"标注"→"角度"命令。

3）在命令行输入命令 dimangular。

使用以上三种方法中的任何一种方法后，命令行变为 DIMANGULAR 选择圆弧、圆、直线或 <指定顶点>：，指定第一条边后，命令行变为 DIMANGULAR 选择第二条直线：，指定第二条边后，命令行变为 DIMLINEAR [多行文字(M) 文字(T) 角度(A) 水平(H) 垂直(V) 旋转(R)]：，根据需要输入命令或在操作视图中选取标注所在的位置。鼠标左键选定位置，操作结束。

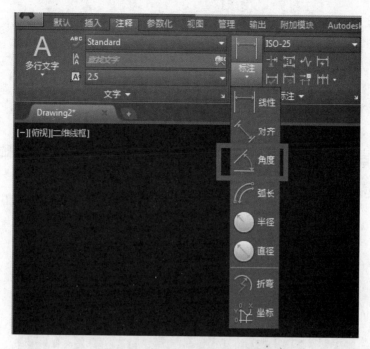

图 6-3　在工具栏中选择角度标注

6.1.4　知识点回顾——直径和半径标注

使用直径和半径标注有以下三种方法。

1）在工具栏选择直径或半径标注，如图 6-4 所示。

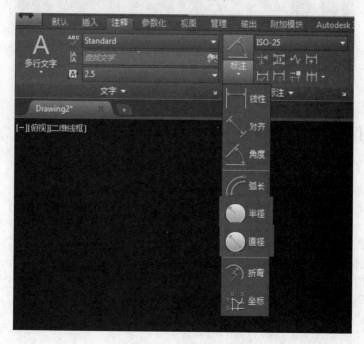

图 6-4　在工具栏中选择半径或直径标注

2）选择"标注"→"标注"→"半径"/"直径"命令。

3）在命令行输入命令 dimdiameter/dimradius。

以半径标注为例，使用以上三种方法中的任何一种方法后，命令行变为 × × ◯ᵛ DIMRADIUS 选择圆弧或圆: ▲，选定需要标注的图形，命令行变为 × × ◯ᵛ DIMDIAMETER 指定尺寸线位置或 [多行文字(M) 文字(T) 角度(A)]: ▲，根据需要输入命令或在操作视图中选取标注所在的位置。鼠标左键选定位置，操作结束。

任务 6.2 信息的标注——学习同心、弧长、坐标、引线和快速标注

设计图需要对重要信息进行标注，应当怎么绘制呢？如图 6-5 所示。

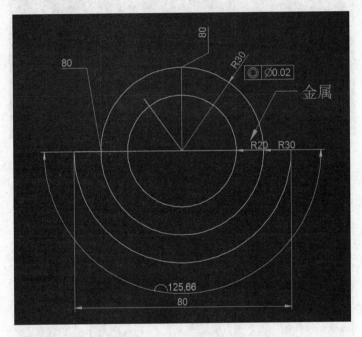

图 6-5 特殊零件效果图

6.2.1 案例制作——特殊零件的绘制

步骤 1：绘制零件。

```
命令: _circle
指定圆的圆心或 [三点(3P)/两点(2P)/切点、切点、半径(T)]:
指定圆的半径或 [直径(D)]: 20
命令: _circle
指定圆的圆心或 [三点(3P)/两点(2P)/切点、切点、半径(T)]:
指定圆的半径或 [直径(D)] <20.0000>: 30
命令: _line
指定第一个点:
指定下一点或 [放弃(U)]: 40
指定下一点或 [放弃(U)]: 60
```

指定下一点或 [闭合(C)/放弃(U)]:

指定下一点或 [闭合(C)/放弃(U)]:

命令: _arc

指定圆弧的起点或 [圆心(C)]:

指定圆弧的第二个点或 [圆心(C)/端点(E)]:

指定圆弧的端点: 90

步骤 2: 进行标注。

命令: _dimarc

选择弧线段或多段线圆弧段:

指定弧长标注位置或 [多行文字(M)/文字(T)/角度(A)/部分(P)/引线(L)]:

标注文字 = 93.19

命令: _dimordinate

指定点坐标:

指定引线端点或 [X 基准(X)/Y 基准(Y)/多行文字(M)/文字(T)/角度(A)]:

标注文字 = 65.87

命令: _dimordinate

指定点坐标:

创建了无关联的标注。

指定引线端点或 [X 基准(X)/Y 基准(Y)/多行文字(M)/文字(T)/角度(A)]:

标注文字 = 65.71

命令: _mleader

指定引线箭头的位置或 [引线基线优先(L)/内容优先(C)/选项(O)] <选项>:

指定引线基线的位置:

命令: _qdim

关联标注优先级 = 端点

选择要标注的几何图形: 找到 1 个

选择要标注的几何图形:

指定尺寸线位置或 [连续(C)/并列(S)/基线(B)/坐标(O)/半径(R)/直径(D)/基准点(P)/编辑(E)/设置(T)] <连续>:

命令: _qdim

关联标注优先级 = 端点

选择要标注的几何图形: 找到 1 个

选择要标注的几何图形:

指定尺寸线位置或 [连续(C)/并列(S)/基线(B)/坐标(O)/半径(R)/直径(D)/基准点(P)/编辑(E)/设置(T)] <半径>:

6.2.2 知识点回顾——弧长标注

使用弧长标注有以下三种方法。

1）在工具栏选择弧长标注，如图 6-6 所示。

2）选择"标注"→"弧长"命令。

3）在命令行输入命令 dimarc。

使用以上三种方法中的任何一种方法后，命令行变为 DIMARC 选择弧线段或多段线圆弧段: ，指定圆弧后，命令行变为 ，根据需要输入命令或在操作视图中选取标注所在的位置。鼠标左键选定位置，操作结束。

图 6-6　在工具栏中选择弧长标注

6.2.3　知识点回顾——坐标标注

使用坐标标注有以下三种方法。

1）在工具栏选择坐标标注，如图 6-7 所示。

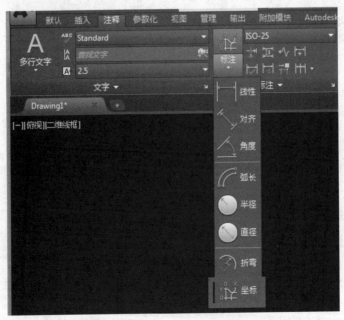

图 6-7　在工具栏中选择坐标标注

2）选择"标注"→"坐标"命令。

3）在命令行输入命令 dimordinate。

使用以上三种方法中的任何一种方法后命令行变为 ，指定点后，命令行变为 ，根据需要输入命令或在操作视图中选取标注所在的位置。鼠标左键选定位置，操作结束。

6.2.4 知识点回顾——引线标注

使用引线标注有以下三种方法。

1）在工具栏选择引线标注，如图 6-8 所示。

图 6-8 在工具栏中选择引线标注

2）选择"标注"→"引线"命令。

3）在命令行输入命令 mleader。

使用以上三种方法中的任何一种方法后，命令行变为 ，指定箭头位置，命令行变为 ，根据需要指定引线标注位置，单击鼠标，输入标注文字，输入结束后按〈ESC〉键弹出对话框，选择"是"，结束命令。

6.2.5 知识点回顾——快速标注

使用快速标注有以下三种方法。

1）在工具栏选择快速标注，如图 6-9 所示。

图 6-9 在工具栏中选择快速标注

2）选择"标注"→"快速标注"命令。

3）在命令行输入命令 qdim。

使用以上三种方法中的任何一种方法后，命令行变为 ，鼠标左键选择要进行标注的几何体，选取结束后按空格键，命令行变为 ，根据需要输入命令或在操作视图中选取标注所在的位置。鼠标左键选定位置，操作结束。

任务 6.3　信息的标注——尺寸标注组成和标注规则以及设置标注样式

1. 线和箭头

标注样式分为三个部分，即标注线、延伸线及标注文本。这三个部分都可以分别设置其颜色，另外标注线、延伸线还可分别设置它们的线宽。在实际应用中，最好是将它们的颜色设置为随层，线宽也设置为随层。有些人喜欢将其设置为某一种颜色（如绿色），说这样可以不必转换图层就可以标注出不同于当前对象颜色的标注尺寸，然而却不便于管理，因为所有的标注对象分布在不同的图层中（虽然颜色相同），当用户需要将标注隐藏起来的时候就不知用什么方法去处理。如果使用的是随块，则当用户将带有该标注对象的图形作为图块插入其他图形（未炸开）时，标注对象将会跟随图层所在图层的颜色显示，而不是标注对象所在图层的颜色显示。

标注线的延伸量是当箭头样式使用斜杠线时（建筑上最常用），标注线向外的伸出量，由于机械制图一般采用的是箭头，所以这项无效。

基线间距指的是在基线标注时，两标注对象标注线间的垂直距离，注意该设置只在基线标注时有效，而在手工标注时两标注线的距离是手工进行设置，因而不受限制。设置值一般为 8。

标注线的抑制则为不显示，可以不显示标注线的前半段或后半段，或者都不显示（比较少见），该项主要是针对不同的标注对象而进行局部修改，在标注形式的设置时一般都保留而不抑制。延伸线与标注线的延伸量即是延伸线超出标注线的长度。在机械制图中，一般设置为 2。

延伸线与标注点的偏移量指的是当指定标注点时，延伸线起点与该点的距离，如果指定了一段偏移量，则会看到延伸线不是开始于标注点，而是在标注点之外出现。一般此值设为 0，即没有偏移量。

延伸线的抑制与标注线的抑制道理一样，一般延伸线与标注线的抑制是配合同时使用，以产生半边的标注效果。

箭头的样式很多，实际的使用不多，对于机械制图，用得最多的是箭头，箭头大小为 4，而在短距离的连续标注时，由于箭头太大，容纳不下，可调整为小圆点（dot）。在此设置中使用的是箭头，大小为 4。

中心点标记指的是在进行直径和半径标注时的圆心标记，一般不采用，而对于部分小半径可局部修改为十字叉线。

2. 文本

文本指的是标注文本（以前版本称为注解），用户可以选择文本的字型、颜色、文本高度以及文本的位置等。

字型一般采用默认的 Standard 就可以，因为标注文本与一般文本一样，没有什么特殊要求。

文本高度一般设置为 3.5。

小数部分高度一般用于其他单位制，在机械制图的十进制中，该项无效。

文本的垂直位置一般为上侧，对于角度标注也可设置为中心（此时标注线断开）。

水平位置一般为对中，标注后再根据实际情况进行调整。

与标注线的偏移距离指的是文本底部与标注线的距离，设置为1。

文本的对齐方式有三种：水平、对齐标注线、ISO 标准。ISO 标准指的是文本在延伸线之间时平行于标注线，而文本在延伸线外时为水平。对于半径、直径标注采用的是"ISO 标准"，而其他的标注则采用"对齐标注线"。

3. 对齐

对齐指的是标注的排列方式。对于文本及箭头的排列，主要发生在标注距离小而不能同时容纳文本和箭头在两延伸线之间时，首先移到延伸线之外的对象。在选项中，一般选择的为第一项，即自动调整文本和箭头，使用该项时，箭头总是首先移至线外，当用户将文本移到线外时，如果线间能容纳箭头，则箭头会自动移至线内。而直径标注，在使用自动调整的时候，如果文本在线内时，直径标注只出现半边的箭头，而文本在线外时，才会出现两端的箭头，所以在直径标注的设置中，此选项使用要和"文本和箭头"一起调整，这样才能使文本在线内时出现两端的箭头。

文本位置指的是当文本不是在其自动放置的位置上时，即在用户填完标注后拖动标注文本，文本与标注线之间是怎样进行连接，一般使用的是置于标注线侧，而当进行小尺寸的连续标注时，再进行局部的修改，将其更改为第二项"标注线外，使用引线"。

标注内容的比例是指文本的高度、箭头的大小等与尺寸有关的项按比例显示出来。一般为"1"。 细致调整有以下两项：标注时手动放置文本，指的是在标注结束前还要确定文本的放置位置，一般不选；始终绘制延伸线间的标注线，如果不选，当箭头处于延伸线之外，则延伸线之间的标注线段不会绘出，所以该项应该选中。

4. 主单位

在主单位选项卡中分为线性标注（包括半径、直径、坐标）和角度标注。

单位格式即为单位制，对于机械制图，使用的是十进制（Decimal）。

精度一般保留小数点后两位（即 0.00）。这样，制图过程中如图绘制不准确或标注时捕捉不准时可以从标注的小数部分反映出来。

分数格式指的是分数的堆叠方式（上下堆叠或斜向堆叠），由于采用的单位制为十进制，所以此项无效。

小数点指的是小数点的样式，可以是逗号","或圆点"."，在中国，还是用圆点好。

舍入规则指的是以所填数字为基数进行舍入，即舍后的尺寸为基数的倍数。比如所填基数为 0.25，如果实际尺寸为 0.20，所显示出来的也是 0.25，如果实际尺寸为 0.40，由于它较接近于 0.25 的倍数 0.50，故而显示为 0.50。在一般的机械制图中，由于采用了精度进行控制，此项填为 0，即不采用舍入规则。

前缀和后缀是在标注尺寸的前或后增加一些字符，如直径符号"φ"，半径符号"R"或其他文字。

度量的比例因子指的是显示的尺寸文本与实际尺寸的比例，由于有些图形必须缩小或放大以适应图框的大小，所以图形中的尺寸已不能代表零件的实际尺寸，通过该项，可以将图形中的尺寸乘以一个比例因子与零件的实际尺寸相配。如果用户所绘制的图形为 2：1（放大一倍），那么在比例因子项所填的比例应该为 0.5，而如果用户所绘制的图形为 1：2（缩小为一半），则比例因子应为 2。通常情况下，如果图形为 1：1，则比例因子为 1。

只应用到布局标注中指的是该比例因子的设置只适用于图纸空间，对于模型空间无效。

零抑制（消零操作）即消除多余的零，一般前导的零不能省略，而小数点后的后继零可以省略。

角度标注的单位格式有多种可以选择，在机械制图中，可以选择"十进制"或"度、分、秒"两种。精度保留小数点后两位或一位都可以。零的抑制与线性标注相同。

5. 换算单位

换算单位在机械制图中一般不采用，其中的选项大致与主单位中相同，不同的解释如下：与主单位的倍数主要是针对不同的单位，如 mm 和 m，其倍数是 1000，则可填入 1000。

位置可选择换算单位位于主单位的下侧或者左侧。

6. 公差

公差一般不在此处直接设置，因为不同的尺寸公差值都不同，只能进行个别的调整，但对于一些通用的选项还应该先设置好。

为了设置公差的一些通用格式，首先应选择一种公差方法，比如选择上下差。然后就可以设置以下内容了。

精度一般为小数点后两位，对于金属加工的精密件，公差可设置到小数点后的三位或四位。上标值和下标值不必填写。高度比例设置为 0.71（即标注文本为 3.5 高时，公差文本为 2.5 高）。垂直位置为"下"，零抑制为"后继 0"抑制。

设置完后把公差方法设置为"无"。这样就又取消了公差的使用。

小结

本项目主要学习了 AutoCAD 2015 中的线性标注、角度标注、直径和半径标注、弧长标注、坐标标注、引线标注、快速标注。CAD 图样中离不开数据的标注和文本说明，通过本章的学习，希望读者能够掌握 CAD 中的各类基础标注工具。

项目 7　图 块 与 组

本项目要点
● 图块与组的创建与使用

任务 7.1　学习创建和使用图块

7.1.1　案例制作——单人沙发图块

CAD 的绘图过程中有一些图形需要重复使用，每次绘制很麻烦，怎么办呢？这时候我们就要用到图块。如需要绘制多个如图 7-1 所示的单人沙发，可以将单人沙发制作成图块，使用时插入图块即可。

步骤 1：制作图块。

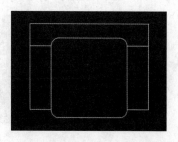

图 7-1　单人沙发图块

```
命令: _rectang
指定第一个角点或 [倒角(C)/标高(E)/圆角(F)/厚度(T)/宽度(W)]: f
指定矩形的圆角半径 <0.0000>: 50
指定第一个角点或 [倒角(C)/标高(E)/圆角(F)/厚度(T)/宽度(W)]:
指定另一个角点或 [面积(A)/尺寸(D)/旋转(R)]: @500,-500
命令: _line
指定第一个点:                          /*任选圆角矩形两侧的端点*/
指定下一点或 [放弃(U)]: 140             /*沿着水平方向*/
指定下一点或 [放弃(U)]: <正交 开> 400   /*沿着垂直方向*/
指定下一点或 [闭合(C)/放弃(U)]:140      /*沿着水平方向*/
命令: _line
指定第一个点:                          /*任选圆角矩形另一侧的端点*/
指定下一点或 [放弃(U)]: 140             /*沿着水平方向*/
指定下一点或 [放弃(U)]: 400             /*沿着垂直方向*/
指定下一点或 [闭合(C)/放弃(U)]:140      /*沿着水平方向*/
命令: _line
指定第一个点:                          /*沙发左上角或右上角的点*/
指定下一点或 [放弃(U)]: 140             /*沿着垂直方向*/
指定下一点或 [放弃(U)]: 780             /*沿着水平方向*/
指定下一点或 [闭合(C)/放弃(U)]:140      /*沿着垂直方向*/
命令: _block
```

步骤 2：插入图块。

```
命令: _block
```

95

命令：_insert 输入块名或 [?]<单人沙发>: 单人沙发
单位：毫米 转换： 1.0000
指定插入点或 [基点(B)/比例(S)/X/Y/Z/旋转(R)]: _scale
指定 XYZ 轴的比例因子 <1>: 1
指定插入点或 [基点(B)/比例(S)/X/Y/Z/旋转(R)]: _rotate
指定旋转角度 <0>: 0
指定插入点或 [基点(B)/比例(S)/X/Y/Z/旋转(R)]:

7.1.2　知识点回顾——图块的创建

使用图块工具有以下两种方法。

1）在工具栏选择创建图块工具，如图 7-2 所示。

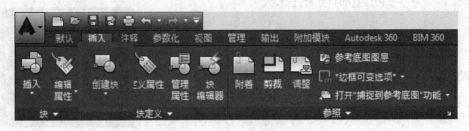

图 7-2　在工具栏中选择创建图块工具

2）在命令行输入命令 block 或 b。

使用以上两种方法中的任何一种方法后，弹出"块定义"对话框，如图 7-3 所示。单击"选择对象"按钮，命令行变为 ![BLOCK 选择对象:] ，选择需要创建的图像后按空格键进行下一步，在弹出的对话框中编辑图块名称，如图 7-4 所示。编辑完成后单击"确定"按钮完成操作。

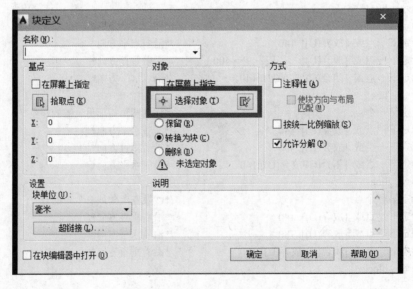

图 7-3　"块定义"对话框

图 7-4　编辑图块名称

7.1.3　知识点回顾——图块的使用

插入图块有以下两种方法。

1）在工具栏选择插入图块工具，如图 7-5 所示。

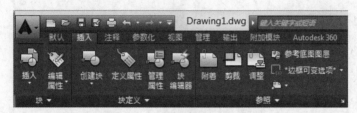

图 7-5　在工具栏中选择插入图块工具

2）在命令行输入命令 insert 或 i。

使用以上两种方法中的任何一种方法后，命令行变为  选择图块的位置，操作结束。

任务 7.2　学习创建和使用组

CAD 绘图中，有一部分图形需要整体操作和使用，一个个选择又太麻烦，怎么办呢？这时候就要用到组工具。

使用组工具有以下三种方法。

1）在工具栏选择创建组工具，如图 7-6 所示。

图 7-6　在工具栏中选择创建组工具

2）选择"组"→"创建组"命令。

3）在命令行输入命令 group 或 g。

使用以上三种方法中的任何一种方法后，命令行变为 ![GROUP _group 选择对象或 [名称(N) 说明(D)]:] ，输入 N 按空格键编辑组名称，输入 D 按空格键编辑说明，编辑完成后选择需要创建为组的图形，按空格键或右击鼠标完成操作。

小结

本项目主要介绍了 AutoCAD 2015 中的图块工具和组工具。在建筑图中，有许多是需要反复使用的图形，事先将这些图形创建成块，则使用时只需要插入块。许多复杂的图形需要整体调整或使用的时候，提前创建组、调整组。灵活地使用图块工具和组工具，将大大提高工作效率。

项目 8 绘制和编辑三维表面

本项目要点
- AutoCAD 2015 三维建模的基础知识（三维绘图环境、三维视图、三维显示功能、三维坐标）
- AutoCAD 2015 绘制基本三维网格（网格长方体、网格圆椎体、网格圆柱体、网格棱椎体、网格球体、网格楔体和网格圆环体）
- AutoCAD 2015 绘制三维网格曲面（旋转曲面、边界曲面、直纹曲面和平移曲面）
- AutoCAD 2015 编辑三维网格和三维曲面（三维镜像、三维移动、三维对齐、三维旋转、三维缩放、三维阵列）

任务 8.1 弹簧的绘制——学习绘制三维表面

弹簧应当怎么绘制呢？如图 8-1 所示。

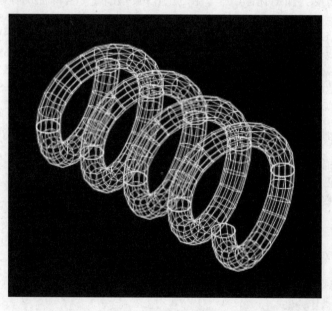

图 8-1 弹簧的效果图

8.1.1 案例制作——弹簧的绘制

弹簧的绘制步骤如图 8-2 所示。

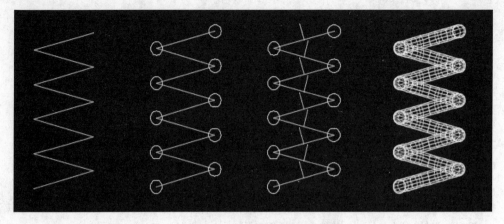

图 8-2 弹簧的绘制步骤

步骤 1：绘制弹簧轨迹线。选择多段线工具（或在命令行输入 pl），命令行操作如下：

命令: _pline
指定起点:
当前线宽为 0.0000
指定下一个点或[圆弧(A)/半宽(H)/长度(L)/放弃(U)/宽度(W)]: @200<15
指定下一点或[圆弧(A)/闭合(C)/半宽(H)/长度(L)/放弃(U)/宽度(W)]: @200<165
指定下一点或[圆弧(A)/闭合(C)/半宽(H)/长度(L)/放弃(U)/宽度(W)]: @200<15
指定下一点或[圆弧(A)/闭合(C)/半宽(H)/长度(L)/放弃(U)/宽度(W)]: @200<165
指定下一点或[圆弧(A)/闭合(C)/半宽(H)/长度(L)/放弃(U)/宽度(W)]: @200<15
指定下一点或[圆弧(A)/闭合(C)/半宽(H)/长度(L)/放弃(U)/宽度(W)]: @200<165
指定下一点或[圆弧(A)/闭合(C)/半宽(H)/长度(L)/放弃(U)/宽度(W)]: @200<15
指定下一点或[圆弧(A)/闭合(C)/半宽(H)/长度(L)/放弃(U)/宽度(W)]: @200<165
指定下一点或[圆弧(A)/闭合(C)/半宽(H)/长度(L)/放弃(U)/宽度(W)]: @200<15

步骤 2：绘制弹簧截面图形。选择圆命令（或在命令行输入 c），命令行操作如下：

命令: _circle
指定圆的圆心或 [三点(3P)/两点(2P)/切点、切点、半径(T)]:
指定圆的半径或 [直径(D)] <20.0000>: 20

选择复制命令（或在命令行输入 co），复制 9 个圆形截面。命令行操作如下：

命令: _copy
选择对象: 找到 1 个
选择对象:
当前设置: 复制模式 = 多个
指定基点或 [位移(D)/模式(O)] <位移>:
指定第二个点或 [阵列(A)] <使用第一个点作为位移>:
指定第二个点或 [阵列(A)/退出(E)/放弃(U)] <退出>:
指定第二个点或 [阵列(A)/退出(E)/放弃(U)] <退出>:
指定第二个点或 [阵列(A)/退出(E)/放弃(U)] <退出>:
指定第二个点或 [阵列(A)/退出(E)/放弃(U)] <退出>:
指定第二个点或 [阵列(A)/退出(E)/放弃(U)] <退出>:

指定第二个点或 [阵列(A)/退出(E)/放弃(U)] <退出>:
指定第二个点或 [阵列(A)/退出(E)/放弃(U)] <退出>:
指定第二个点或 [阵列(A)/退出(E)/放弃(U)] <退出>:
指定第二个点或 [阵列(A)/退出(E)/放弃(U)] <退出>:

步骤 3：绘制弹簧方向线。选择直线命令（或在命令行输入 l），命令行操作如下：

命令: _line
指定第一个点:
指定下一点或 [放弃(U)]: @50<105
指定下一点或 [放弃(U)]:
命令: _line
指定第一个点:
指定下一点或 [放弃(U)]: @50<75
指定下一点或 [放弃(U)]:

重复上述步骤，绘制好弹簧上所有的方向线。

步骤 4：修改三维曲面线框密度。命令行操作如下：

命令: surftab1
输入 surftab1 的新值 <6>: 12
命令: surftab2
输入 surftab2 的新值 <6>: 12

步骤 5：绘制弹簧三维图形。选择"网格"→"图元"→"旋转曲面"命令创建三维图形。如图 8-3 所示。

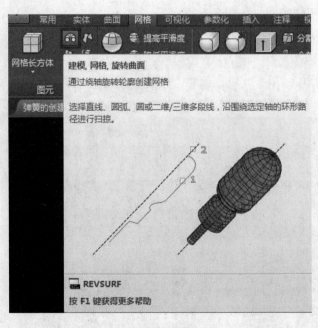

图 8-3　旋转曲面示例

命令行操作如下：

命令: _revsurf

当前线框密度: surftab1=12   surftab2=12

选择要旋转的对象: /*选择弹簧圆形截面*/

选择定义旋转轴的对象: /*选择弹簧方向线*/

指定起点角度 <0>:

指定夹角 (+=逆时针，-=顺时针) <360>: -180   /*选择旋转角度*/

命令: _revsurf

当前线框密度: surftab1=12   surftab2=12

选择要旋转的对象: /*选择弹簧圆形截面*/

选择定义旋转轴的对象: /*选择弹簧方向线*/

指定起点角度 <0>:

指定夹角 (+=逆时针，-=顺时针) <360>: 180   /*选择旋转角度*/

重复上述步骤，重复旋转圆，绘制好弹簧上所有的旋转曲面。

步骤 6：单击"修改"工具栏的"删除"按钮，删除多余的线条。

步骤 7：单击"视图"工具栏中的"西南轴测图"按钮，切换视图，得到如图 8-1 所示效果图。

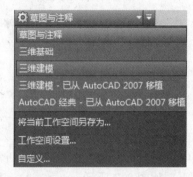

图 8-4　选择空间

8.1.2　知识点回顾——三维模型基础知识

1）设置三维环境：从工作空间下拉列表中选择"三维建模"，如图 8-4 所示，即可看到 AutoCAD 2015 为用户提供的"三维建模"工作空间，如图 8-5 所示。

图 8-5　三维工作空间

2）三维显示功能，如图 8-6 所示，AutoCAD 2015 为用户提供了 12 种三维模型视觉样式。

3）查看三维视图，选择"可视化"选项卡中的"视图"面板，如图 8-7 所示，可以方便快速地切换预定义视图。

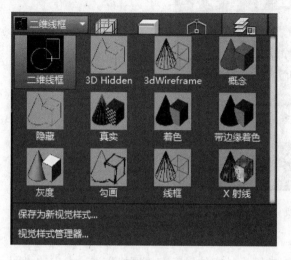

图 8-6　三维模型视觉样式

图 8-7　视图面板

4）三维坐标的设置，选择"可视化"选项卡中"坐标"面板的"命名 UCS"命令，如图 8-8 所示，可以进行三维坐标系的设置。

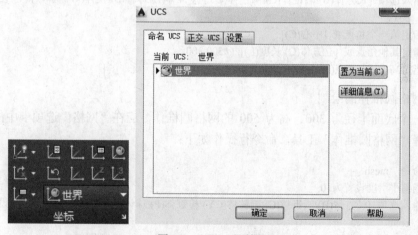

图 8-8　UCS 对话框

5）创建坐标系。在命令行输入 ucs 命令，命令行操作如下：

命令:_ucs
当前 ucs 名称:*俯视*
指定 ucs 的原点或 [面(F)/命名(NA)/对象(OB)/上一个(P)/视图(V)/世界(W)/X/Y/Z/Z 轴(ZA)] <世界>:

8.1.3　知识点回顾——绘制基本三维网格

基本三维网格有网格长方体、网格圆锥体、网格圆柱体、网格棱锥体、网格球体、网格楔体和网格圆环体，共 7 种，如图 8-9 所示。

图 8-9 "网格"选项卡中"图元"面板的 7 种三维网格图形

（1）网格长方体的绘制

绘制一个长 500、宽 300、高 400 的网格长方体，应在"网格"选项卡中的"图元"面板中选择"网格长方体"工具，命令行操作如下：

> 命令: _mesh
> 输入选项 [长方体(B)/圆锥体(C)/圆柱体(CY)/棱锥体(P)/球体(S)/楔体(W)/圆环体(T)/设置(SE)] <长方体>: _box
> 指定第一个角点或 [中心(C)]:
> 指定其他角点或 [立方体(C)/长度(L)]: @500,300
> 指定高度或 [两点(2P)] <500.0000>: 400

（2）网格圆椎体的绘制

绘制一个底面半径为 300、高为 500 的网格圆椎体，应在"网格"选项卡中的"图元"面板中选择"网格圆椎体"工具，命令行操作如下：

> 命令: _mesh
> 当前平滑度设置为: 0
> 输入选项 [长方体(B)/圆锥体(C)/圆柱体(CY)/棱锥体(P)/球体(S)/楔体(W)/圆环体(T)/设置(SE)] <圆锥体>: _cone
> 指定底面的中心点或 [三点(3P)/两点(2P)/切点、切点、半径(T)/椭圆(E)]:
> 指定底面半径或 [直径(D)] <500.0000>: 300
> 指定高度或 [两点(2P)/轴端点(A)/顶面半径(T)] <501.1827>: 500

（3）网格圆柱体的绘制

绘制一个底面半径为 200、高为 400 的网格圆柱体，应在"网格"选项卡中的"图元"面板中选择"网格圆柱体"工具，命令行操作如下：

> 命令: _mesh
> 当前平滑度设置为: 0
> 输入选项 [长方体(B)/圆锥体(C)/圆柱体(CY)/棱锥体(P)/球体(S)/楔体(W)/圆环体(T)/设置(SE)] <圆

柱体>: _cylinder
　　　指定底面的中心点或 [三点(3P)/两点(2P)/切点、切点、半径(T)/椭圆(E)]:
　　　指定底面半径或 [直径(D)] <300.0000>: 200
　　　指定高度或 [两点(2P)/轴端点(A)] <500.0000>: 400

（4）网格棱椎体的绘制

绘制一个底面半径为 500、高为 500 的网格棱椎体，应在"网格"选项卡中的"图元"面板中选择"网格棱椎体"工具，命令行操作如下：

　　　命令: _mesh
　　　当前平滑度设置为: 0
　　　输入选项 [长方体(B)/圆锥体(C)/圆柱体(CY)/棱锥体(P)/球体(S)/楔体(W)/圆环体(T)/设置(SE)] <圆柱体>: _pyramid
　　　　4 个侧面　外切
　　　指定底面的中心点或 [边(E)/侧面(S)]:
　　　指定底面半径或 [内接(I)] <200.0000>: 500
　　　指定高度或 [两点(2P)/轴端点(A)/顶面半径(T)] <400.0000>: 500

（5）网格球体的绘制

绘制一个半径为 500 的网格球体，应在"网格"选项卡中的"图元"面板中选择"网格球体"工具，命令行操作如下：

　　　命令: _mesh
　　　当前平滑度设置为: 0
　　　输入选项 [长方体(B)/圆锥体(C)/圆柱体(CY)/棱锥体(P)/球体(S)/楔体(W)/圆环体(T)/设置(SE)] <棱锥体>: _sphere
　　　指定中心点或 [三点(3P)/两点(2P)/切点、切点、半径(T)]:
　　　指定半径或 [直径(D)] <200.0000>: 500

（6）网格楔体的绘制

绘制一个底面长 300、宽 400、高为 500 的网格楔体，应在"网格"选项卡中的"图元"面板中选择"网格楔体"工具，命令行操作如下：

　　　命令: _mesh
　　　当前平滑度设置为: 0
　　　输入选项 [长方体(B)/圆锥体(C)/圆柱体(CY)/棱锥体(P)/球体(S)/楔体(W)/圆环体(T)/设置(SE)] <球体>: _wedge
　　　指定第一个角点或 [中心(C)]:
　　　指定其他角点或 [立方体(C)/长度(L)]: @300,400
　　　指定高度或 [两点(2P)] <400.0000>: 500

（7）网格圆环体的绘制

绘制一个半径为 500、圆管半径为 200 的网格圆环体，应在"网格"选项卡中的"图元"面板中选择"网格圆环体"工具，命令行操作如下：

　　　命令: _mesh
　　　当前平滑度设置为: 0

输入选项 [长方体(B)/圆锥体(C)/圆柱体(CY)/棱锥体(P)/球体(S)/楔体(W)/圆环体(T)/设置(SE)] <楔体>: _torus

　　　　指定中心点或 [三点(3P)/两点(2P)/切点、切点、半径(T)]:

　　　　指定半径或 [直径(D)] <200.0000>: 500

　　　　指定圆管半径或 [两点(2P)/直径(D)]: 200

8.1.4　知识点回顾——绘制三维网格曲面

　　网格曲面有 4 种，分别是旋转曲面、边界曲面、直纹曲面和平移曲面，如图 8-10 所示。

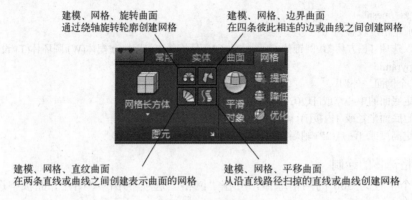

图 8-10　网格曲面

（1）旋转曲面

　　在"网格"选项卡中的"图元"面板中选择"旋转曲面"工具，示例如图 8-11 所示。命令行操作如下：

　　　　命令: _revsurf

　　　　当前线框密度: surftab1=6　surftab2=6

　　　　选择要旋转的对象: /*选择已绘制好的直线、圆弧、圆或二维、三维多段线*/

　　　　选择定义旋转轴的对象: /*选择已绘制好用作旋转轴的直线或是开放的二维、三维多段线*/

　　　　指定起点角度 <0>: /*输入值或直接按〈Enter〉键接受默认值*/

　　　　指定夹角 (+=逆时针，-=顺时针) <360>: /*输入值或直接按〈Enter〉键接受默认值*/

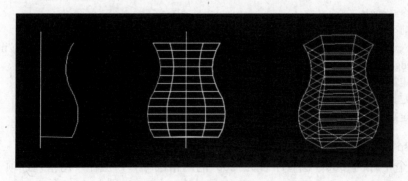

图 8-11　旋转曲面示例

（2）边界曲面

　　在"网格"选项卡中的"图元"面板中选择"边界曲面"工具，示例如图 8-12 所示。

命令行操作如下：

命令: _edgesurf
当前线框密度: surftab1=6   surftab2=6
选择用作曲面边界的对象 1: /*选择第一条边界线*/
选择用作曲面边界的对象 2: /*选择第二条边界线*/
选择用作曲面边界的对象 3: /*选择第三条边界线*/
选择用作曲面边界的对象 4: /*选择第四条边界线*/

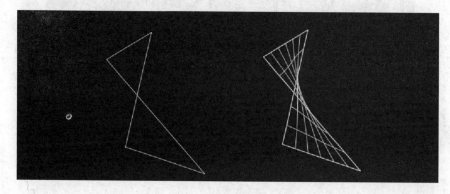

图 8-12　边界曲面示例

（3）直纹曲面

在"网格"选项卡中的"图元"面板中选择"直纹曲面"工具，如图 8-13 所示。命令行操作如下：

命令: _rulesurf
当前线框密度: surftab1=6
选择第一条定义曲线: /*指定第一条曲线*/
选择第二条定义曲线: /*指定第二条曲线*/

图 8-13　直纹曲面示例

（4）平移曲面

在"网格"选项卡中的"图元"面板中选择"平移曲面"工具，示例如图 8-14 所示。

命令行操作如下：

命令: _tabsurf
当前线框密度: surftab1=12
选择用作轮廓曲线的对象: /*选择一个已经存在的轮廓曲线*/
选择用作方向矢量的对象: /*选择一个方向线*/

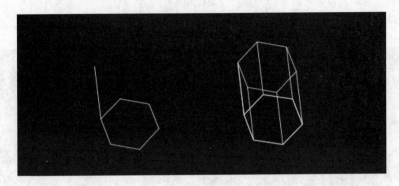

图 8-14　平移曲面示例

任务 8.2　花篮的绘制——学习编辑三维表面

花篮绘制的效果图，如图 8-15 所示。

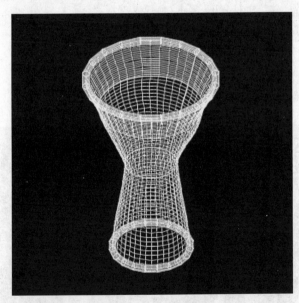

图 8-15　花篮的效果图

8.2.1　案例制作——花篮的绘制

步骤 1：绘制四段圆弧。使用"圆弧"命令绘制四段圆弧，命令行操作如下：

```
命令: _arc
指定圆弧的起点或 [圆心(C)]: -6,0,0
指定圆弧的第二个点或 [圆心(C)/端点(E)]: 0,-6
指定圆弧的端点: 6,0
命令: _arc
指定圆弧的起点或 [圆心(C)]: -4,0,15
指定圆弧的第二个点或 [圆心(C)/端点(E)]: 0,-4
指定圆弧的端点: 4,0
命令: _arc
指定圆弧的起点或 [圆心(C)]: -8,0,25
指定圆弧的第二个点或 [圆心(C)/端点(E)]: 0,-8
指定圆弧的端点: 8,0
命令: _arc
指定圆弧的起点或 [圆心(C)]: -10,0,30
指定圆弧的第二个点或 [圆心(C)/端点(E)]: 0,-10
指定圆弧的端点: 10,0
```

绘制结果如图 8-16 左图所示，单击"视图"工具栏中"西南轴测图"按钮，将当前视图设为西南轴测视图，结果如图 8-16 右图所示。

图 8-16　绘制圆环

步骤 2：连接边线。使用"直线"命令将圆弧的边线连接起来。

步骤 3：设置网格数。命令行操作如下：

```
命令: surftab1
输入 surftab1 的新值 <6>: 20
命令: surftab2
输入 surftab2 的新值 <6>: 20
```

步骤 4：绘制边界曲面。在"网格"选项卡中的"图元"面板中选择"边界曲面"命令，选择围成曲面的 4 条边，将曲面内部填充线条。

重复上述命令，填充图形的边界曲面，结果如图 8-17 左图所示。

步骤 5：镜像边界曲面。在"常用"选项卡中的"修改"面板中选择"三维镜像"命令，镜像边界曲面。命令行操作如下：

> 命令: _mirror3d
> 选择对象: 指定对角点: 找到 13 个
> 选择对象:
> 指定镜像平面 (三点) 的第一个点或
> [对象(O)/最近的(L)/Z 轴(Z)/视图(V)/XY 平面(XY)/YZ 平面(YZ)/ZX 平面(ZX)/三点(3)] <三点>:
> 在镜像平面上指定第二点: 在镜像平面上指定第三点:
> 是否删除源对象? [是(Y)/否(N)] <否>:

绘制结果如图 8-17 右图所示。

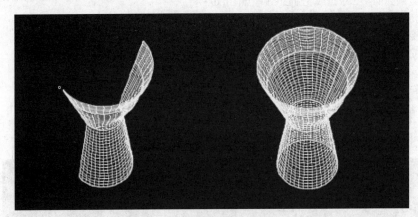

图 8-17　生成并镜像边界曲面

步骤 6：绘制网格圆环体。绘制结果如图 8-17 所示，命令行操作如下：

> 命令: _mesh
> 当前平滑度设置为: 0
> 输入选项 [长方体(B)/圆锥体(C)/圆柱体(CY)/棱锥体(P)/球体(S)/楔体(W)/圆环体(T)/设置(SE)] <圆
> 环体>: _t
> 　指定中心点或 [三点(3P)/两点(2P)/切点、切点、半径(T)]: 0,0,0
> 　指定半径或 [直径(D)]: 6
> 　指定圆管半径或 [两点(2P)/直径(D)]: 0.5
> 命令: _mesh
> 当前平滑度设置为: 0
> 输入选项 [长方体(B)/圆锥体(C)/圆柱体(CY)/棱锥体(P)/球体(S)/楔体(W)/圆环体(T)/设置(SE)] <圆
> 环体>: _t
> 　指定中心点或 [三点(3P)/两点(2P)/切点、切点、半径(T)]: 0,0,30
> 　指定半径或 [直径(D)]: 10
> 　指定圆管半径或 [两点(2P)/直径(D)]: 0.5

8.2.2　知识点回顾——网格编辑

（1）提高（降低）平滑度

"网格"选项卡中的"网格"面板如图 8-18 所示，选择"提高平滑度"（或"降低平滑度")命令，命令行操作如下：

图 8-18　网格编辑面板

命令:'_meshsmoothmore
选择要提高平滑度的网格对象:（选择网格对象）

选择对象后，系统将对网格对象提高平滑度。如图 8-19 所示为提高平滑度示例图。

图 8-19　提高平滑度示例

（2）其他网格编辑命令

① 平滑对象：将三维对象转换成网格对象。通过将三维实体和曲面等对象转换为网格来利用三维网格的细节建模功能。

② 优化网格：成倍增加选定网格对象或网格面中的面数。优化网格对象可增加可编辑面的数目，从而提供对精细建模细节的附加控制。要保留程序内容，可以优化特定面而非整个对象。

③ 锐化：锐化选定的网格面、边、顶点。可以锐化网格对象的边，锐化可使与选定子对象相邻的网格面和边变形。为不具有平滑度的网格添加的锐化在对网格进行平滑处理之前不会显现。

8.2.3　知识点回顾——编辑三维曲面

（1）三维镜像

在"常用"选项卡中的"修改"面板中选择"三维镜像"命令，示例如图 8-20 所示。命令行操作如下：

命令:_mirror3d

选择对象: /*选择要镜像的对象*/

选择对象: /*选择下一个对象或按〈Enter〉键*/

指定镜像平面 (三点) 的第一个点或[对象(O)/最近的(L)/Z 轴(Z)/视图(V)/XY 平面(XY)/YZ 平面(YZ)/ZX 平面(ZX)/三点(3)] <三点>:

在镜像平面上指定第二点: 在镜像平面上指定第三点:

是否删除源对象? [是(Y)/否(N)] <否>:

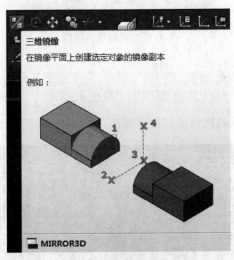

图 8-20　三维镜像示例

（2）三维移动

在"常用"选项卡中的"修改"面板中选择"三维移动"命令，示例如图 8-21 所示。命令行操作如下：

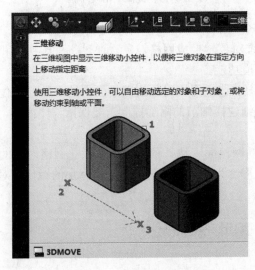

图 8-21　三维移动示例

命令: _3dmove

选择对象: 指定对角点: 找到 1 个

选择对象:

指定基点或 [位移(D)] <位移>: /*指定基点*/

指定第二个点或 <使用第一个点作为位移>: /*指定第二点*/

（3）三维对齐

在"常用"选项卡中的"修改"面板中选择"三维对齐"命令，示例如图 8-22 所示。命令行操作如下：

命令: _3dalign

选择对象: 指定对角点: 找到 1 个

选择对象:

指定源平面和方向 ...

指定基点或 [复制(C)]:

指定第二个点或 [继续(C)] <C>:

指定第三个点或 [继续(C)] <C>:

指定目标平面和方向 ...

指定第一个目标点:

指定第二个目标点或 [退出(X)] <X>:

指定第三个目标点或 [退出(X)] <X>:

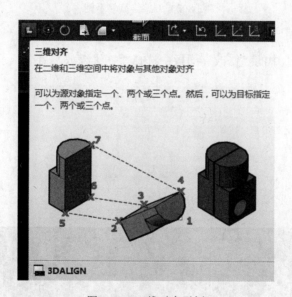

图 8-22　三维对齐示例

（4）三维旋转

在"常用"选项卡中的"修改"面板中选择"三维旋转"命令，示例如图 8-23 所示。命令行操作如下：

命令: _3drotate

UCS 当前的正角方向:　angdir=逆时针　angbase=0

选择对象: /*选择一个滚珠*/

选择对象:

指定基点: /*指定圆心位置*/

拾取旋转轴：
指定角的起点或键入角度：
指定角的端点：

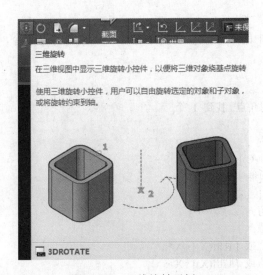

图 8-23　三维旋转示例

（5）三维缩放

在"常用"选项卡中的"修改"面板中选择"三维缩放"命令，示例如图 8-24 所示。命令行操作如下：

> 命令: _3dscale
> 选择对象: 指定对角点: 找到 1 个
> 选择对象:
> 指定基点:
> 拾取比例轴或平面:
> 指定比例因子或 [复制(C)/参照(R)]:

图 8-24　三维缩放示例

（6）三维阵列

选择"修改"菜单中的"三维操作"工具中的"三维阵列"命令，示例如图 8-25 所示。命令行操作如下：

命令: _3darray

选择对象: 指定对角点: 找到 1 个

选择对象:

输入阵列类型 [矩形(R)/环形(P)] <矩形>:r

输入行数 (---) <1>: 3

输入列数 (|||) <1>: 3

输入层数 (...) <1>: 3

指定行间距 (---): 指定第二点:

指定列间距 (|||): 指定第二点:

指定层间距 (...): 指定第二点:

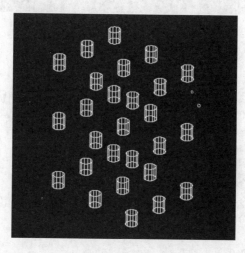

图 8-25　三维阵列示例

实战训练

利用前面所学的各种绘制和编辑三维表面的方法绘制如图 8-26 所示的足球门。绘制步骤如图 8-27 所示。

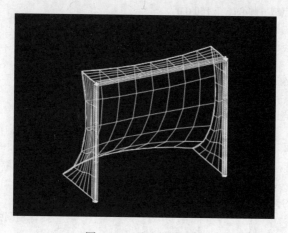

图 8-26　足球门效果图

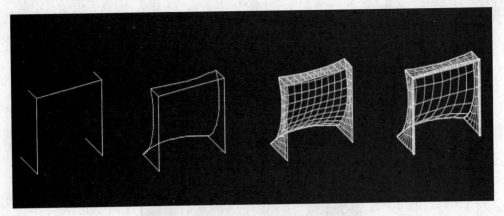

图 8-27　足球门绘制步骤

命令行操作如下：

命令：_line　　　　　　　　　　　　　　　　　　　　　/*绘制足球门框*/
指定第一个点：150,0,0
指定下一点或 [放弃(U)]：@-150,0,0
指定下一点或 [放弃(U)]：@0,0,260
指定下一点或 [闭合(C)/放弃(U)]：@0,300,0
指定下一点或 [闭合(C)/放弃(U)]：@0,0,-260
指定下一点或 [闭合(C)/放弃(U)]：@150,0,0
指定下一点或 [闭合(C)/放弃(U)]：
命令：_line
指定第一个点：0,0,260
指定下一点或 [放弃(U)]：@70,0,0
指定下一点或 [放弃(U)]：
命令：_line
指定第一个点：0,300,260
指定下一点或 [放弃(U)]：@70,0,0
指定下一点或 [放弃(U)]：
命令：_arc　　　　　　　　　　　　　　　　　　　　　/*绘制足球门圆弧*/
指定圆弧的起点或 [圆心(C)]：150,0,0
指定圆弧的第二个点或 [圆心(C)/端点(E)]：200,150
指定圆弧的端点：150,300
命令：_arc
指定圆弧的起点或 [圆心(C)]：70,0,260
指定圆弧的第二个点或 [圆心(C)/端点(E)]：50,150
指定圆弧的端点：70,300,260
命令：_ucs　　　　　　　　　　　　　　　　　　　　　/*调整当前坐标系*/
当前 UCS 名称：*世界*
指定 UCS 的原点或 [面(F)/命名(NA)/对象(OB)/上一个(P)/视图(V)/世界(W)/X/Y/Z/Z 轴(ZA)] <世
界>：_x
指定绕 X 轴的旋转角度 <90>：
命令：_arc　　　　　　　　　　　　　　　　　　　　　/*绘制足球门圆弧*/
指定圆弧的起点或 [圆心(C)]：150,0,0

指定圆弧的第二个点或 [圆心(C)/端点(E)]: 50,130
指定圆弧的端点: 70,260
命令: surftab1   /*设置网格数*/
输入 surftab1 的新值 <8>: 10
命令: surftab2
输入 surftab2 的新值 <5>: 10
命令: _edgesurf   /*绘制足球门边界曲面*/
当前线框密度: surftab1=10   surftab2=10
选择用作曲面边界的对象 1:
选择用作曲面边界的对象 2:
选择用作曲面边界的对象 3:
选择用作曲面边界的对象 4:
                              /*重复四次上述命令绘制足球门的四个边界曲面*/
命令: _mesh   /*绘制足球门左门柱*/
当前平滑度设置为: 0
输入选项 [长方体(B)/圆锥体(C)/圆柱体(CY)/棱锥体(P)/球体(S)/楔体(W)/圆环体(T)/设置(SE)] <长
方体>: _cylinder
指定底面的中心点或 [三点(3P)/两点(2P)/切点、切点、半径(T)/椭圆(E)]: 0,0,0
指定底面半径或 [直径(D)]: 5
指定高度或 [两点(2P)/轴端点(A)]: a
指定轴端点: 0,260,0
命令: _mesh   /*绘制足球门右门柱*/
当前平滑度设置为: 0
输入选项 [长方体(B)/圆锥体(C)/圆柱体(CY)/棱锥体(P)/球体(S)/楔体(W)/圆环体(T)/设置(SE)] <圆
柱体>: _cylinder
指定底面的中心点或 [三点(3P)/两点(2P)/切点、切点、半径(T)/椭圆(E)]: 0,0,-300
指定底面半径或 [直径(D)] <5.0000>: 5
指定高度或 [两点(2P)/轴端点(A)] <260.0000>: a
指定轴端点: @0,260,0
命令: _mesh   /*绘制足球门上门柱*/
当前平滑度设置为: 0
输入选项 [长方体(B)/圆锥体(C)/圆柱体(CY)/棱锥体(P)/球体(S)/楔体(W)/圆环体(T)/设置(SE)] <圆
柱体>: _cylinder
指定底面的中心点或 [三点(3P)/两点(2P)/切点、切点、半径(T)/椭圆(E)]: 0,260,0
指定底面半径或 [直径(D)] <5.0000>: 5
指定高度或 [两点(2P)/轴端点(A)] <396.9887>: a
指定轴端点: @0,0,-300

小结

本项目主要介绍了三维建模的基础知识，包括三维绘图环境、三维视图、三维显示功能、三维坐标等内容，介绍了三维表面的基本绘制和编辑方法。通过实际案例的学习，希望读者能够掌握绘制和编辑三维表面的基本命令，能够绘制和编辑简单的三维图形。

项目 9 绘制基本三维实体

本项目要点

- AutoCAD 2015 创建基本三维实体（长方体、圆柱体、圆锥体、球体、棱锥体、楔体、圆环体、多段体）
- 二维图形生成三维实体（拉伸、放样、旋转、扫掠、按住并拖动）
- 布尔运算（并集、差集、交集）
- AutoCAD 2015 三维实体的编辑（倒角、圆角、拉伸面、倾斜面、移动面、复制面、偏移面、删除面、旋转面、着色面、剖切、抽壳）

任务 9.1 电视塔的绘制——学习创建基本三维实体

电视塔的绘制效果图如图 9-1 所示。

图 9-1　电视塔的效果图

9.1.1 案例制作——电视塔的绘制

步骤 1：绘制电视塔基座。

1）设置视图方向为"西南等轴测"方向。

2）绘制基座底面圆，选择"绘图"→"圆"命令（或输入 c 命令）绘制，命令行操作如下：

命令: _circle
指定圆的圆心或 [三点(3P)/两点(2P)/切点、切点、半径(T)]:

指定圆的半径或 [直径(D)]: 80

3）绘制基座圆柱，在"常用"选项卡中选择"建模"面板的"拉伸"命令，命令行操作如下：

命令: _extrude
当前线框密度: isolines=4，闭合轮廓创建模式 = 实体
选择要拉伸的对象或 [模式(MO)]: _MO
闭合轮廓创建模式 [实体(SO)/曲面(SU)]<实体>: _so
选择要拉伸的对象或 [模式(MO)]: 找到 1 个
选择要拉伸的对象或 [模式(MO)]:
指定拉伸的高度或 [方向(D)/路径(P)/倾斜角(T)/表达式(E)]: 10

步骤 2：绘制圆锥体。在"常用"选项卡中选择"建模"面板的"圆锥体"命令，命令行操作如下：

命令: _cone
指定底面的中心点或 [三点(3P)/两点(2P)/切点、切点、半径(T)/椭圆(E)]: 0,0,10
指定底面半径或 [直径(D)] <80.0000>: 50
指定高度或 [两点(2P)/轴端点(A)/顶面半径(T)] <9.0000>: 800

步骤 3：绘制球体。在"常用"选项卡中选择"建模"面板的"球体"命令，命令行操作如下：

命令: _sphere
指定中心点或 [三点(3P)/两点(2P)/切点、切点、半径(T)]: 0,0,500
指定半径或 [直径(D)] <50.0000>: 50
命令: _sphere
指定中心点或 [三点(3P)/两点(2P)/切点、切点、半径(T)]: 0,0,250
指定半径或 [直径(D)] <50.0000>: 80

步骤 4：调整视觉样式。在"常用"选项卡中选择"视图"面板的"视觉样式管理器"命令，单击"着色"视觉样式功能，得到结果如图 9-1 所示。

9.1.2 知识点回顾——创建基本三维实体

（1）长方体

执行方式：选择"常用"选项卡中"建模"面板的"长方体"命令，如图 9-2 所示。或在命令行输入 box 命令。创建一个长 500、宽 300、高 400 的长方体，命令行操作如下：

命令: _box
指定第一个角点或 [中心(C)]: c
指定中心: 0,0,0
指定角点或 [立方体(C)/长度(L)]: l
指定长度: 500
指定宽度: 300
指定高度或 [两点(2P)] <1212.8436>: 400

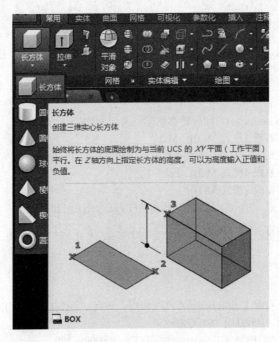

图 9-2　长方体示例

（2）圆柱体

执行方式：选择"常用"选项卡中"建模"面板的"圆柱体"命令，如图 9-3 所示。或在命令行输入 cylinder 命令。创建一个底面半径为 300、高为 600 的圆柱体，命令行操作如下：

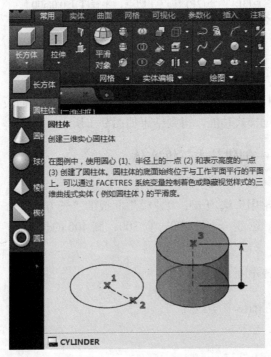

图 9-3　圆柱体示例

命令: _cylinder
指定底面的中心点或 [三点(3P)/两点(2P)/切点、切点、半径(T)/椭圆(E)]:
指定底面半径或 [直径(D)]: 300
指定高度或 [两点(2P)/轴端点(A)] <552.9974>: 600

（3）圆锥体

执行方式：选择"常用"选项卡中"建模"面板的"圆锥体"命令，如图 9-4 所示。或在命令行输入 cone 命令。创建底面半径为 400、高度为 600 的圆锥体，命令行操作如下：

命令: _cone
指定底面的中心点或 [三点(3P)/两点(2P)/切点、切点、半径(T)/椭圆(E)]:
指定底面半径或 [直径(D)] <500.0000>: 400
指定高度或 [两点(2P)/轴端点(A)/顶面半径(T)] <500.0000>: 600

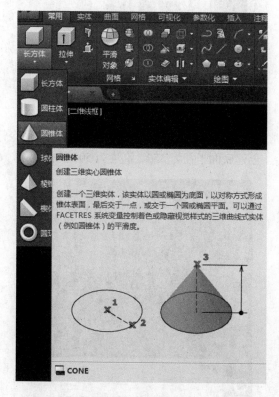

图 9-4　圆锥体示例

（4）球体

执行方式：选择"常用"选项卡中"建模"面板的"球体"命令，如图 9-5 所示。或在命令行输入 sphere 命令。创建一个半径为 500 的球体，命令行操作如下：

命令: _sphere
指定中心点或 [三点(3P)/两点(2P)/切点、切点、半径(T)]:
指定半径或 [直径(D)] <300.0000>: 500

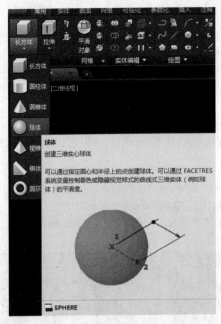

图 9-5　球体示例

（5）棱锥体

执行方式：选择"常用"选项卡中"建模"面板的"棱锥体"命令，如图 9-6 所示。或在命令行输入 pyramid 命令。创建底面半径为 350、高度为 500 的棱锥体，命令行操作如下：

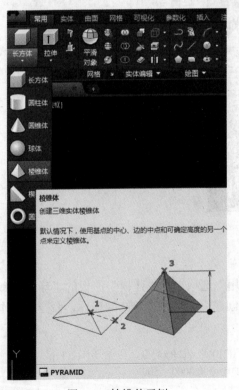

图 9-6　棱锥体示例

命令: _pyramid

　4 个侧面　外切

指定底面的中心点或 [边(E)/侧面(S)]:

指定底面半径或 [内接(I)] <400.0000>: 350

指定高度或 [两点(2P)/轴端点(A)/顶面半径(T)] <600.0000>: 500

（6）楔体

执行方式：选择"常用"选项卡中"建模"面板的"楔体"命令，如图 9-7 所示。或在命令行输入 wedge 命令。创建长度 500、宽度为 250、高度 250 的楔体，命令行操作如下：

命令: _wedge

指定第一个角点或 [中心(C)]:

指定其他角点或 [立方体(C)/长度(L)]: l

指定长度: 500

指定宽度: 250

指定高度或 [两点(2P)] <600.0000>: 250

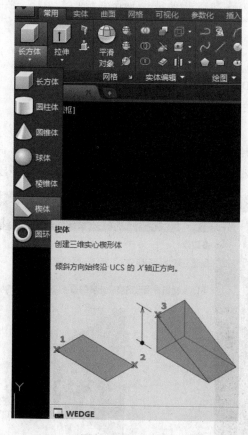

图 9-7　楔体示例

（7）圆环体

执行方式：选择"常用"选项卡中"建模"面板的"圆环体"命令，如图 9-8 所示。或在命令行输入 torus 命令。创建半径为 600、圆管半径为 200 的圆环体，命令行操作如下：

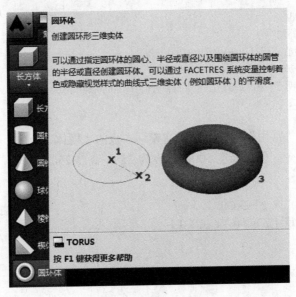

图 9-8　圆环体示例

命令: _torus
指定中心点或 [三点(3P)/两点(2P)/切点、切点、半径(T)]:
指定半径或 [直径(D)] <494.9747>: 600
指定圆管半径或 [两点(2P)/直径(D)]: 200

（8）多段体

执行方式：选择"常用"选项卡中"建模"面板的"多段体"命令，如图 9-9 所示。或在命令行输入 polysolid 命令。创建高度 500、宽度为 100 的任意多段体，命令行操作如下：

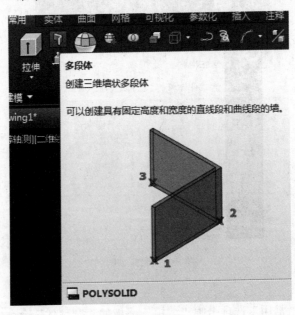

图 9-9　多段体示例

命令: _polysolid 高度 = 80.0000, 宽度 = 5.0000, 对正 = 居中
指定起点或 [对象(O)/高度(H)/宽度(W)/对正(J)] <对象>: h
指定高度 <80.0000>: 500
高度 = 500.0000, 宽度 = 5.0000, 对正 = 居中
指定起点或 [对象(O)/高度(H)/宽度(W)/对正(J)] <对象>: w
指定宽度 <5.0000>: 100
高度 = 500.0000, 宽度 = 100.0000, 对正 = 居中
指定起点或 [对象(O)/高度(H)/宽度(W)/对正(J)] <对象>:
指定下一个点或 [圆弧(A)/放弃(U)]:
指定下一个点或 [圆弧(A)/放弃(U)]:
指定下一个点或 [圆弧(A)/闭合(C)/放弃(U)]:

9.1.3　知识点回顾——二维图形生成三维实体

（1）拉伸

执行方式：选择"常用"选项卡中"建模"面板的"拉伸"命令，如图 9-10 所示。或在命令行输入 extrude 命令，可将指定的二维图形拉伸成三维实体，拉伸时可以指定高度、方向、路径、倾斜角等参数。

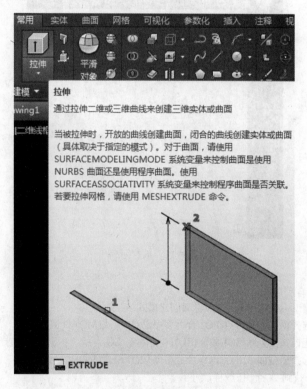

图 9-10　拉伸示例

如将一个长 500、宽 100 的矩形拉伸高度 400，命令行操作如下：

命令: _rectang
指定第一个角点或 [倒角(C)/标高(E)/圆角(F)/厚度(T)/宽度(W)]:

指定另一个角点或 [面积(A)/尺寸(D)/旋转(R)]: @500,100

命令: _extrude

当前线框密度: isolines=4，闭合轮廓创建模式 = 实体

选择要拉伸的对象或 [模式(MO)]: _MO

闭合轮廓创建模式 [实体(SO)/曲面(SU)] <实体>: _SO

选择要拉伸的对象或 [模式(MO)]: 找到 1 个   /*选择矩形*/

选择要拉伸的对象或 [模式(MO)]:

指定拉伸的高度或 [方向(D)/路径(P)/倾斜角(T)/表达式(E)]: 400

（2）放样

执行方式：选择"常用"选项卡中"建模"面板的"放样"命令，如图 9-11 所示。或在命令行输入 loft 命令，可将指定的二维图形放样成三维实体。命令行操作如下：

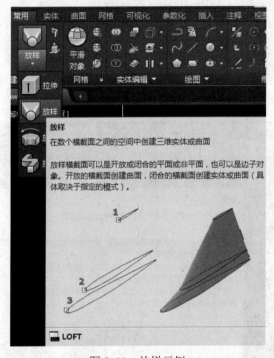

图 9-11　放样示例

命令: _loft

当前线框密度: isolines=4，闭合轮廓创建模式 = 实体

按放样次序选择横截面或 [点(PO)/合并多条边(J)/模式(MO)]: _MO

闭合轮廓创建模式 [实体(SO)/曲面(SU)] <实体>: _SO   /*依次选择三个截面*/

按放样次序选择横截面或 [点(PO)/合并多条边(J)/模式(MO)]:

指定对角点: 找到 3 个 按放样次序

选择横截面或 [点(PO)/合并多条边(J)/模式(MO)]:

 选中了 3 个横截面

输入选项 [导向(G)/路径(P)/仅横截面(C)/设置(S)] <仅横截面>:

（3）旋转

执行方式：选择"常用"选项卡中"建模"面板的"旋转"命令，如图 9-12 所示。或

在命令行输入 revolve 命令，可将指定的二维图形旋转成三维实体。命令行操作如下：

命令: _revolve
当前线框密度: isolines=4，闭合轮廓创建模式 = 实体
选择要旋转的对象或 [模式(MO)]: _MO
闭合轮廓创建模式 [实体(SO)/曲面(SU)] <实体>: _SO   /*选择要旋转的对象*/
选择要旋转的对象或 [模式(MO)]: 找到 1 个
选择要旋转的对象或 [模式(MO)]:
指定轴起点或根据以下选项之一定义轴 [对象(O)/X/Y/Z] <对象>:
指定轴端点: /*选择要旋转的轴*/
指定旋转角度或 [起点角度(ST)/反转(R)/表达式(EX)] <360>:

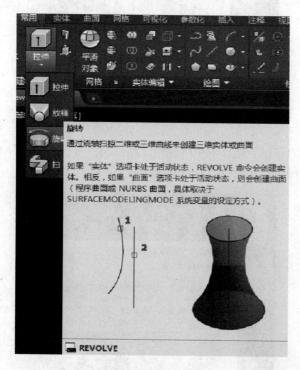

图 9-12　旋转示例

（4）扫掠

执行方式：选择"常用"选项卡中"建模"面板的"扫掠"命令，如图 9-13 所示。或在命令行输入 sweep 命令，可将指定的二维图形扫掠成三维实体。命令行操作如下：

命令: _sweep
当前线框密度: isolines=4，闭合轮廓创建模式 = 实体
选择要扫掠的对象或 [模式(MO)]: _MO
闭合轮廓创建模式 [实体(SO)/曲面(SU)] <实体>: _SO   /*选择要扫掠的对象*/
选择要扫掠的对象或 [模式(MO)]: 找到 1 个
选择要扫掠的对象或 [模式(MO)]:
选择扫掠路径或 [对齐(A)/基点(B)/比例(S)/扭曲(T)]:   /*选择扫掠路径*/

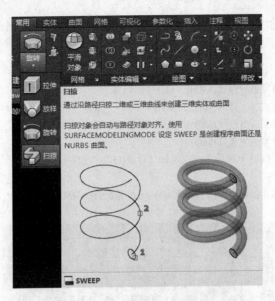

图 9-13　扫掠示例

（5）按住并拖动

执行方式：选择"常用"选项卡中"建模"面板的"按住并拖动"命令，如图 9-14 所示。或在命令行输入 presspull 命令。命令行操作如下：

图 9-14　按住并拖动示例

命令: _presspull
选择对象或边界区域:　　　　　　　　　　/*选择要拖动的对象*/
指定拉伸高度或 [多个(M)]:　　　　　　　/*指定拉伸的高度*/
指定拉伸高度或 [多个(M)]:
已创建 1 个拉伸

任务 9.2　　建筑墙体的绘制——学习布尔运算

在建筑的三维图形绘制中，建筑墙体的绘制是常遇到的。那么，如何绘制建筑墙体呢？我们来看看下面的例子，如图 9-15 所示为建筑墙体绘制效果图。

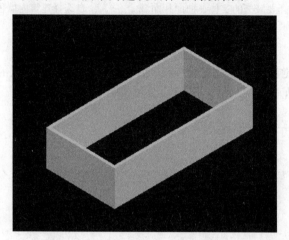

图 9-15　建筑墙体绘制效果图

9.2.1　案例制作——建筑墙体的绘制

步骤 1：绘制建筑内外墙矩形。绘制建筑外墙体长为 12000、宽为 6000，墙体厚度为 240，选择"矩形"命令（或在命令行输入 rec 命令），命令行操作如下：

```
命令: _rectang
指定第一个角点或 [倒角(C)/标高(E)/圆角(F)/厚度(T)/宽度(W)]:
指定另一个角点或 [面积(A)/尺寸(D)/旋转(R)]: @12000,6000
命令: _offset
当前设置: 删除源=否　图层=源　offsetgaptype=0
指定偏移距离或 [通过(T)/删除(E)/图层(L)] <通过>: 240
选择要偏移的对象，或 [退出(E)/放弃(U)] <退出>:
指定要偏移的那一侧上的点，或 [退出(E)/多个(M)/放弃(U)] <退出>:
```

步骤 2：拉伸墙体。墙体高度为 3000，选择"常用"选项卡中"建模"面板的"拉伸"命令，命令行操作如下：

```
命令: _extrude
当前线框密度: isolines=4，闭合轮廓创建模式 = 实体
选择要拉伸的对象或 [模式(MO)]: _MO
闭合轮廓创建模式 [实体(SO)/曲面(SU)] <实体>: _SO
选择要拉伸的对象或 [模式(MO)]: 找到 1 个
选择要拉伸的对象或 [模式(MO)]: 找到 1 个，总计 2 个
选择要拉伸的对象或 [模式(MO)]:                    /*选择建筑内外墙矩形*/
指定拉伸的高度或 [方向(D)/路径(P)/倾斜角(T)/表达式(E)] <199.2305>: 3000
```

步骤 3：选择"差集"命令，完成墙体绘制。选择"常用"选项卡中"实体编辑"面板的"实体差集"命令，命令行操作如下：

命令：_subtract 选择要从中减去的实体、曲面和面域...
选择对象：找到 1 个　　　　　　　　　　　　　/*选择建筑外墙体*/
选择对象： 选择要减去的实体、曲面和面域...　　/*选择建筑内墙体*/
选择对象：找到 1 个
选择对象：

步骤 4：调整视觉样式。在"常用"选项卡中选择"视图"面板的"视觉样式管理器"命令，单击"着色"视觉样式功能，得到结果如图 9-15 所示。

9.2.2　知识点回顾——布尔运算

（1）并集

执行方式：选择"实体"选项卡中"布尔值"面板的"并集"命令，如图 9-16 所示。命令行操作如下：

命令：_union
选择对象：找到 1 个
选择对象：找到 1 个，总计 2 个
选择对象：

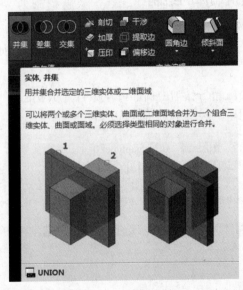

图 9-16　并集示例

（2）差集

执行方式：选择"实体"选项卡中"布尔值"面板的"差集"命令，如图 9-17 所示。命令行操作如下：

命令：_subtract
选择要从中减去的实体、曲面和面域...

选择对象: 找到 1 个
选择对象: 选择要减去的实体、曲面和面域...
选择对象: 找到 1 个
选择对象:

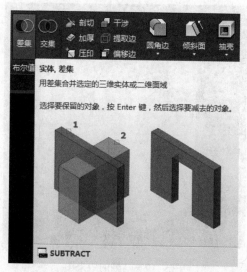

图 9-17　差集示例

（3）交集

执行方式：选择"实体"选项卡中"布尔值"面板的"交集"命令，如图 9-18 所示。命令行操作如下：

命令: _intersect
选择对象: 找到 1 个
选择对象: 找到 1 个，总计 2 个
选择对象:

图 9-18　交集示例

任务 9.3   马桶的绘制——学习编辑三维实体

马桶的绘制效果图如图 9-19 所示。

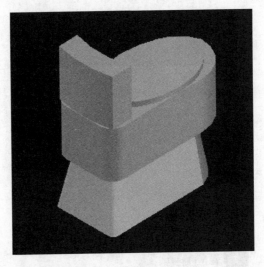

图 9-19   马桶的效果图

9.3.1   案例制作——马桶的绘制

马桶的绘制步骤如图 9-20 所示。

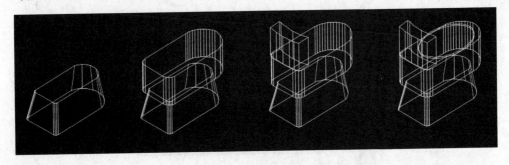

图 9-20   马桶的绘制步骤

步骤 1：绘制马桶底座。

1）设置绘图环境。将视图切换到西南轴测图。利用 isolines 命令，修改线框密度，命令行操作如下：

命令: _isolines
输入 isolines 的新值 <4>: 10

2）选择"绘图"→"矩形"命令，绘制矩形，命令行操作如下：

命令: _rectang
指定第一个角点或 [倒角(C)/标高(E)/圆角(F)/厚度(T)/宽度(W)]: 0,0

指定另一个角点或 [面积(A)/尺寸(D)/旋转(R)]: 560,260

3）选择"绘图"→"圆弧"命令，绘制圆弧，命令行操作如下：

命令: _arc
指定圆弧的起点或 [圆心(C)]: 400,0
指定圆弧的第二个点或 [圆心(C)/端点(E)]: 500,130
指定圆弧的端点: 400,260

4）选择"修改"→"修剪"命令，将多余的线段剪去。

5）选择"绘图"→"面域"命令，将绘制的矩形和圆弧进行面域处理。命令行操作如下：

命令: _region
选择对象: 找到 1 个
选择对象: 找到 1 个，总计 2 个
选择对象:
已提取 1 个环。
已创建 1 个面域。

6）选择"建模"→"拉伸"命令，拉伸面域。命令行操作如下：

命令: _extrude
当前线框密度: isolines=10，闭合轮廓创建模式 = 实体
选择要拉伸的对象或 [模式(MO)]: _MO
闭合轮廓创建模式 [实体(SO)/曲面(SU)] <实体>:
_SO
选择要拉伸的对象或 [模式(MO)]: 找到 1 个
选择要拉伸的对象或 [模式(MO)]:
指定拉伸的高度或 [方向(D)/路径(P)/倾斜角(T)/表达式(E)] <9.0000>: t
指定拉伸的倾斜角度或 [表达式(E)] <0>: 10
指定拉伸的高度或 [方向(D)/路径(P)/倾斜角(T)/表达式(E)] <9.0000>: 200

7）选择"修改"→"圆角"命令，修改马桶底座的边。命令行操作如下：

命令: _fillet
当前设置: 模式 = 修剪，半径 = 0.0000
选择第一个对象或 [放弃(U)/多段线(P)/半径(R)/修剪(T)/多个(M)]:
输入圆角半径或 [表达式(E)]: 20
选择边或 [链(C)/环(L)/半径(R)]:
已拾取到边。
选择边或 [链(C)/环(L)/半径(R)]:
选择边或 [链(C)/环(L)/半径(R)]:   /*选择马桶底座的直角边*/
已选定 2 个边用于圆角。

步骤 2：绘制马桶主体。

1）选择"建模"→"长方体"命令，绘制马桶主体。命令行操作如下：

命令: _box
指定第一个角点或 [中心(C)]: 0,0,200
指定其他角点或 [立方体(C)/长度(L)]: 550,260,400

2）选择"修改"→"圆角"命令，修改马桶主体边缘。命令行操作如下：

```
命令: _fillet
当前设置: 模式 = 修剪，半径 = 20.0000
选择第一个对象或 [放弃(U)/多段线(P)/半径(R)/修剪(T)/多个(M)]:
输入圆角半径或 [表达式(E)] <20.0000>: 150
选择边或 [链(C)/环(L)/半径(R)]:
已拾取到边。
选择边或 [链(C)/环(L)/半径(R)]:              /*选择马桶主体右侧的一条棱边*/
已选定 1 个边用于圆角。
命令: _fillet
当前设置: 模式 = 修剪，半径 = 150.0000
选择第一个对象或 [放弃(U)/多段线(P)/半径(R)/修剪(T)/多个(M)]:
输入圆角半径或 [表达式(E)] <150.0000>:
选择边或 [链(C)/环(L)/半径(R)]:
已拾取到边。
选择边或 [链(C)/环(L)/半径(R)]:              /*选择马桶主体右侧的一条棱边*/
已选定 1 个边用于圆角。
命令: _fillet
当前设置: 模式 = 修剪，半径 = 150.0000
选择第一个对象或 [放弃(U)/多段线(P)/半径(R)/修剪(T)/多个(M)]:
输入圆角半径或 [表达式(E)] <150.0000>: 50
选择边或 [链(C)/环(L)/半径(R)]:
已拾取到边。
选择边或 [链(C)/环(L)/半径(R)]:
选择边或 [链(C)/环(L)/半径(R)]:              /*选择马桶主体左侧的两条棱边*/
已选定 2 个边用于圆角。
```

步骤 3：绘制马桶水箱。

1）选择"建模"→"长方体"命令，绘制水箱主体。命令行操作如下：

```
命令: _box
指定第一个角点或 [中心(C)]: c
指定中心: 50,130,500
指定角点或 [立方体(C)/长度(L)]: l
指定长度 <100.0000>: 240
指定宽度 <240.0000>: 100
指定高度或 [两点(2P)] <200.0000>: 200
```

2）选择"建模"→"圆柱体"命令，绘制马桶水箱。命令行操作如下：

```
命令: _cylinder
指定底面的中心点或 [三点(3P)/两点(2P)/切点、切点、半径(T)/椭圆(E)]: 500,130,400   指定底面
半径或 [直径(D)] <80.0000>: 500
指定高度或 [两点(2P)/轴端点(A)] <200.0000>: 200       /*绘制水箱大圆柱*/
命令: _cylinder
指定底面的中心点或 [三点(3P)/两点(2P)/切点、切点、半径(T)/椭圆(E)]: 500,130,400   指定底面
半径或 [直径(D)] <500.0000>: 420
```

指定高度或 [两点(2P)/轴端点(A)] <200.0000>: 200　　　/*绘制水箱小圆柱*/

3）选择"实体编辑"→"差集"命令，将大圆柱和小圆柱进行差集处理。命令行操作如下：

命令: _subtract
选择要从中减去的实体、曲面和面域...
选择对象: 找到 1 个
选择对象:　选择要减去的实体、曲面和面域...
选择对象: 找到 1 个
选择对象:

4）选择"实体编辑"→"交集"命令，将水箱长方体和圆柱体进行交集处理。命令行操作如下：

命令: _intersect
选择对象: 找到 1 个
选择对象: 找到 1 个 (1 个重复)，总计 1 个
选择对象: 找到 1 个，总计 2 个
选择对象:

步骤 4：绘制马桶盖。

1）选择"绘图"→"椭圆"命令，绘制马桶盖椭圆。命令行操作如下：

命令: _ellipse
指定椭圆的轴端点或 [圆弧(A)/中心点(C)]: _c
指定椭圆的中心点: 300,130,400
指定轴的端点: 500,130
指定另一条半轴长度或 [旋转(R)]: 130

2）选择"建模"→"拉伸"命令，绘制马桶盖。命令行操作如下：

命令: _extrude
当前线框密度:　isolines=10，闭合轮廓创建模式 = 实体
选择要拉伸的对象或 [模式(MO)]: _MO
闭合轮廓创建模式 [实体(SO)/曲面(SU)] <实体>:_SO
选择要拉伸的对象或 [模式(MO)]: 找到 1 个
选择要拉伸的对象或 [模式(MO)]:
指定拉伸的高度或 [方向(D)/路径(P)/倾斜角(T)/表达式(E)] <200.0000>: 10

步骤 5：调整视觉样式。在"常用"选项卡中选择"视图"面板的"视觉样式管理器"命令，单击"着色"视觉样式功能，得到结果如图 9-19 所示。

9.3.2　知识点回顾——实体编辑

（1）倒角

执行方式：选择"常用"选项卡中"修改"面板的"倒角"命令，如图 9-21 所示。或

在命令行输入 chamfer 命令。

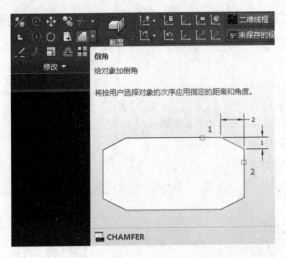

图 9-21　倒角示例

对长方体棱边倒角，如图 9-22 左图所示。命令行操作如下：

命令: _chamfer
("修剪"模式) 当前倒角距离　1 = 50.0000，距离 2 = 50.0000
选择第一条直线或 [放弃(U)/多段线(P)/距离(D)/角度(A)/修剪(T)/方式(E)/多个(M)]:/*选择长方体*/
基面选择...
输入曲面选择选项 [下一个(N)/当前(OK)] <当前(OK)>:
指定基面倒角距离或 [表达式(E)] <50.0000>: 60　　　　/*输入倒角距离*/
指定其他曲面倒角距离或 [表达式(E)] <50.0000>: 60　　/*输入倒角距离*/
选择边或 [环(L)]:　　　　　　　　　　　　　　　　/*选择要倒角的棱边*/
选择边或 [环(L)]:

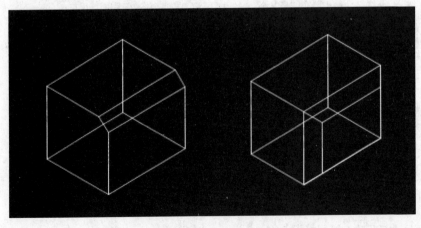

图 9-22　对长方体棱边倒角

对长方体进行环倒角，如图 9-22 右图所示。命令行操作如下：

命令: _chamfer

（"修剪"模式）当前倒角距离 1 = 60.0000，距离 2 = 60.0000
选择第一条直线或 [放弃(U)/多段线(P)/距离(D)/角度(A)/修剪(T)/方式(E)/多个(M)]:
基面选择...
输入曲面选择选项 [下一个(N)/当前(OK)] <当前(OK)>:
指定基面倒角距离或 [表达式(E)] <60.0000>: 60
指定其他曲面倒角距离或 [表达式(E)] <60.0000>: 60
选择边或 [环(L)]: l   /*选择要倒角的长方体基面*/
选择环边或 [边(E)]:
选择环边或 [边(E)]:

（2）圆角

执行方式：选择"常用"选项卡中"修改"面板的"圆角"命令，如图 9-23 所示。或在命令行输入 fillet 命令。

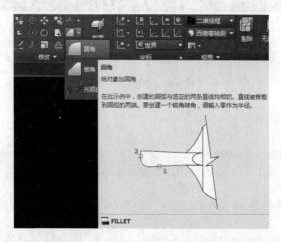

图 9-23　圆角示例

对长方体棱边倒圆角，如图 9-24 左图所示。命令行操作如下：

命令: _fillet
当前设置: 模式 = 修剪，半径 = 0.0000
选择第一个对象或 [放弃(U)/多段线(P)/半径(R)/修剪(T)/多个(M)]:
输入圆角半径或 [表达式(E)]: 80
选择边或 [链(C)/环(L)/半径(R)]:   /*选择要倒圆角的棱边*/
已拾取到边。
选择边或 [链(C)/环(L)/半径(R)]:
已选定 1 个边用于圆角。

对长方体进行链倒圆角，如图 9-24 右图所示。命令行操作如下：

命令: _fillet
当前设置: 模式 = 修剪，半径 = 60.0000
选择第一个对象或 [放弃(U)/多段线(P)/半径(R)/修剪(T)/多个(M)]:
输入圆角半径或 [表达式(E)] <60.0000>: 80
选择边或 [链(C)/环(L)/半径(R)]: c   /*选择要倒圆角的棱边*/
选择边链或 [边(E)/半径(R)]:   /*选择相邻的棱边*/

已选定 2 个边用于圆角。

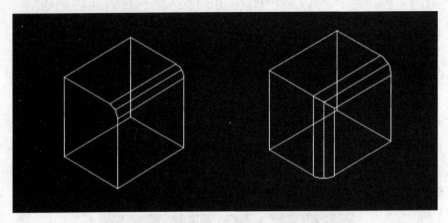

图 9-24　对长方体棱边倒圆角

（3）拉伸面

执行方式：选择"修改"→"实体编辑"→"拉伸面"命令，示例如图 9-25 所示。命令行操作如下：

命令: _solidedit
实体编辑自动检查: solidcheck=1
输入实体编辑选项 [面(F)/边(E)/体(B)/放弃(U)/退出(X)] <退出>: _face
输入面编辑选项
[拉伸(E)/移动(M)/旋转(R)/偏移(O)/倾斜(T)/删除(D)/复制(C)/颜色(L)/材质(A)/放弃(U)/退出(X)] <退出>: _extrude
选择面或 [放弃(U)/删除(R)]: 找到 2 个面。　　　　　　/*选择长方体顶面和侧面*/
选择面或 [放弃(U)/删除(R)/全部(ALL)]:
指定拉伸高度或 [路径(P)]: 指定第二点:　　　　　　/*指定拉伸高度*/
指定拉伸的倾斜角度 <0>:　　　　　　　　　　　/*指定拉伸倾斜的角度*/

图 9-25　拉伸面示例

（4）倾斜面

执行方式：选择"常用"选项卡中"实体编辑"面板的"倾斜面"命令，示例如图 9-26 所示。命令行操作如下：

命令: _solidedit
实体编辑自动检查: solidcheck=1
输入实体编辑选项 [面(F)/边(E)/体(B)/放弃(U)/退出(X)] <退出>: _face
输入面编辑选项
[拉伸(E)/移动(M)/旋转(R)/偏移(O)/倾斜(T)/删除(D)/复制(C)/颜色(L)/材质(A)/放弃(U)/退出(X)] <退出>: _taper
选择面或 [放弃(U)/删除(R)]: 找到 2 个面。
选择面或 [放弃(U)/删除(R)/全部(ALL)]:
指定基点:
指定沿倾斜轴的另一个点:
指定倾斜角度: 30

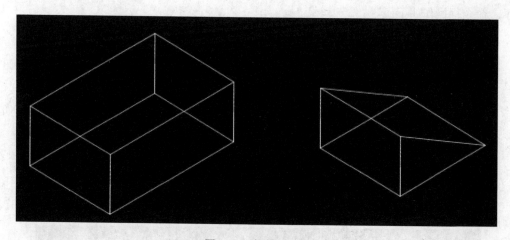

图 9-26　倾斜面示例

（5）移动面

执行方式：选择"常用"选项卡中"实体编辑"面板的"移动面"命令，示例如图 9-27 所示。命令行操作如下：

命令: _solidedit
实体编辑自动检查: SOLIDCHECK=1
输入实体编辑选项 [面(F)/边(E)/体(B)/放弃(U)/退出(X)] <退出>: _face
输入面编辑选项
[拉伸(E)/移动(M)/旋转(R)/偏移(O)/倾斜(T)/删除(D)/复制(C)/颜色(L)/材质(A)/放弃(U)/退出(X)] <退出>: _move
选择面或 [放弃(U)/删除(R)]: 找到 2 个面。
选择面或 [放弃(U)/删除(R)/全部(ALL)]:
指定基点或位移:
指定位移的第二点:

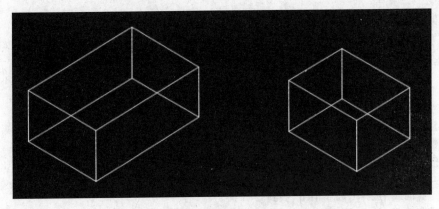

图 9-27　移动面示例

（6）复制面

执行方式：选择"常用"选项卡中"实体编辑"面板的"复制面"命令，示例如图 9-28 所示。命令行操作如下：

```
命令: _solidedit
实体编辑自动检查: solidcheck=1
输入实体编辑选项 [面(F)/边(E)/体(B)/放弃(U)/退出(X)] <退出>: _face
输入面编辑选项
[拉伸(E)/移动(M)/旋转(R)/偏移(O)/倾斜(T)/删除(D)/复制(C)/颜色(L)/材质(A)/放弃 (U)/退出(X)] <
退出>: _copy
选择面或 [放弃(U)/删除(R)]: 找到 2 个面。
选择面或 [放弃(U)/删除(R)/全部(ALL)]:
指定基点或位移:
指定位移的第二点:
```

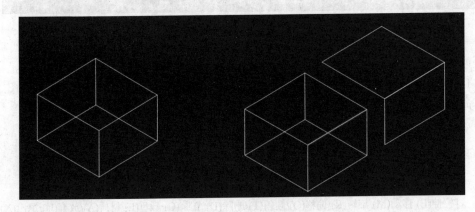

图 9-28　复制面示例

（7）偏移面

执行方式：选择"常用"选项卡中"实体编辑"面板的"偏移面"命令。示例如图 9-29 所示，命令行操作如下：

```
命令: _solidedit
```

实体编辑自动检查: solidcheck=1

输入实体编辑选项 [面(F)/边(E)/体(B)/放弃(U)/退出(X)] <退出>: _face

输入面编辑选项

[拉伸(E)/移动(M)/旋转(R)/偏移(O)/倾斜(T)/删除(D)/复制(C)/颜色(L)/材质(A)/放弃 (U)/退出(X)] <退出>: _offset

选择面或 [放弃(U)/删除(R)]: 找到 2 个面。

选择面或 [放弃(U)/删除(R)/全部(ALL)]:

指定偏移距离: 20

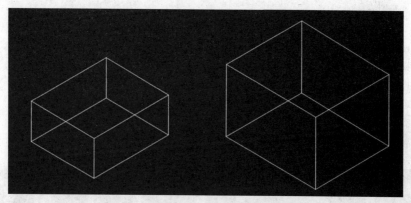

图 9-29   偏移面示例

（8）删除面

执行方式：选择"常用"选项卡中"实体编辑"面板的"删除面"命令，示例如图 9-30 所示。命令行操作如下：

命令: _solidedit

实体编辑自动检查: SOLIDCHECK=1

输入实体编辑选项 [面(F)/边(E)/体(B)/放弃(U)/退出(X)] <退出>: _face

输入面编辑选项

[拉伸(E)/移动(M)/旋转(R)/偏移(O)/倾斜(T)/删除(D)/复制(C)/颜色(L)/材质(A)/放弃 (U)/退出(X)] <退出>: _delete

选择面或 [放弃(U)/删除(R)]: 找到一个面。   /*选择倒圆角的棱边*/

选择面或 [放弃(U)/删除(R)/全部(ALL)]:

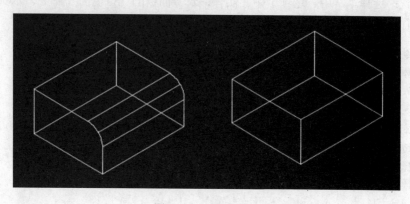

图 9-30   删除面示例

（9）旋转面

执行方式：选择"常用"选项卡中"实体编辑"面板的"旋转面"命令，示例如图 9-31 所示。命令行操作如下：

命令: _solidedit
实体编辑自动检查: solidcheck=1
输入实体编辑选项 [面(F)/边(E)/体(B)/放弃(U)/退出(X)] <退出>: _face
输入面编辑选项
[拉伸(E)/移动(M)/旋转(R)/偏移(O)/倾斜(T)/删除(D)/复制(C)/颜色(L)/材质(A)/放弃 (U)/退出(X)] <退出>: _rotate
选择面或 [放弃(U)/删除(R)]: 找到 2 个面。　　　　/*选择要旋转的面*/
选择面或 [放弃(U)/删除(R)/全部(ALL)]:
指定轴点或 [经过对象的轴(A)/视图(V)/x 轴(X)/y 轴(Y)/z 轴(Z)] <两点>:
在旋转轴上指定第二个点:
指定旋转角度或 [参照(R)]: 45

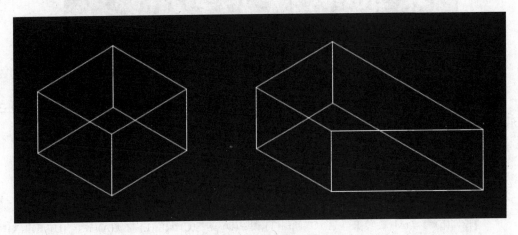

图 9-31　旋转面示例

（10）着色面

执行方式：选择"常用"选项卡中"实体编辑"面板的"首色面"命令，示例如图 9-32 所示。命令行操作如下：

命令: _solidedit
实体编辑自动检查: solidcheck=1
输入实体编辑选项 [面(F)/边(E)/体(B)/放弃(U)/退出(X)] <退出>: _face
输入面编辑选项
[拉伸(E)/移动(M)/旋转(R)/偏移(O)/倾斜(T)/删除(D)/复制(C)/颜色(L)/材质(A)/放弃(U)/退出(X)] <退出>: _color
选择面或 [放弃(U)/删除(R)]: 找到 2 个面。　　　　/*选择要着色的面*/
选择面或 [放弃(U)/删除(R)/全部(ALL)]:

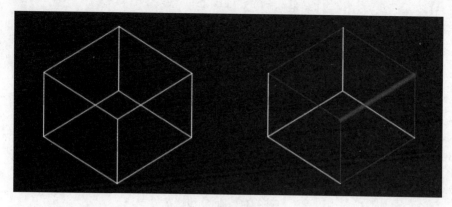

图 9-32 着色面示例

（11）剖切

执行方式：选择"常用"选项卡中"实体编辑"面板的"剖切"命令，示例如图 9-33 所示。命令行操作如下：

命令: _slice
选择要剖切的对象: 找到 1 个
选择要剖切的对象:
指定切面的起点或 [平面对象(O)/曲面(S)/z 轴(Z)/视图(V)/xy(XY)/yz(YZ)/zx(ZX)/三点(3)] <三点>:

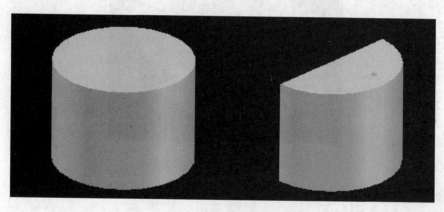

图 9-33 剖切示例

（12）抽壳

执行方式：选择"常用"选项卡中"实体编辑"面板的"抽壳"命令。示例如图 9-34 所示，命令行操作如下：

命令: _solidedit
实体编辑自动检查: solidcheck=1
输入实体编辑选项 [面(F)/边(E)/体(B)/放弃(U)/退出(X)] <退出>:_body
输入体编辑选项[压印(I)/分割实体(P)/抽壳(S)/清除(L)/检查(C)/放弃(U)/退出(X)] <退出>: _shell
选择三维实体:
删除面或 [放弃(U)/添加(A)/全部(ALL)]:
输入抽壳偏移距离: 50

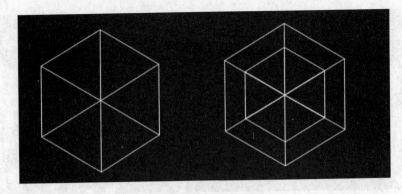

图 9-34　抽壳示例

实战训练

利用前面介绍的各种绘制和编辑三维实体的方法绘制如图 9-35 所示的简单建筑三维实体。

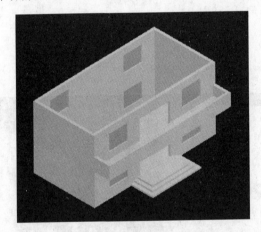

图 9-35　简单建筑三维实体效果图

1）绘制建筑的第一层效果图，如图 9-36 所示。

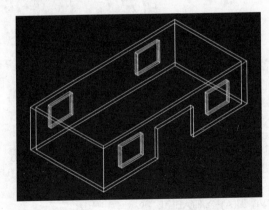

图 9-36　建筑第一层效果图

命令行操作如下：

命令: _view
输入选项 [?/删除(D)/正交(O)/恢复(R)/保存(S)/设置(E)/窗口(W)]: _TOP
正在重生成模型。   /*切换到俯视图*/
命令: _rectang   /*绘制建筑外墙体矩形*/
指定第一个角点或 [倒角(C)/标高(E)/圆角(F)/厚度(T)/宽度(W)]:
指定另一个角点或 [面积(A)/尺寸(D)/旋转(R)]: @12000,6000
命令: _offset   /*绘制建筑内墙体矩形*/
当前设置: 删除源=否　图层=源　offsetgaptype=0
指定偏移距离或 [通过(T)/删除(E)/图层(L)] <240.0000>: 240
选择要偏移的对象，或 [退出(E)/放弃(U)] <退出>:
指定要偏移的那一侧上的点，或 [退出(E)/多个(M)/放弃(U)] <退出>:
命令: _view
输入选项 [?/删除(D)/正交(O)/恢复(R)/保存(S)/设置(E)/窗口(W)]: _SWISO
正在重生成模型。   /*切换到西南等轴测图*/
命令: _extrude   /*拉伸建筑墙体*/
当前线框密度: isolines=12，闭合轮廓创建模式 = 实体
选择要拉伸的对象或 [模式(MO)]: _MO 闭合轮廓创建模式 [实体(SO)/曲面(SU)] <实体>: _SO
选择要拉伸的对象或 [模式(MO)]: 找到 1 个
选择要拉伸的对象或 [模式(MO)]: 找到 1 个，总计 2 个
选择要拉伸的对象或 [模式(MO)]:
指定拉伸的高度或 [方向(D)/路径(P)/倾斜角(T)/表达式(E)] <1200.0000>: 3000
               /* 指定墙体高度*/
命令: _subtract 选择要从中减去的实体、曲面和面域... /*完成墙体模型*/
选择对象: 找到 1 个
选择对象: 选择要减去的实体、曲面和面域...
选择对象: 找到 1 个
选择对象:
命令: _rectang   /*绘制门洞矩形*/
指定第一个角点或 [倒角(C)/标高(E)/圆角(F)/厚度(T)/宽度(W)]:
指定另一个角点或 [面积(A)/尺寸(D)/旋转(R)]: @3000,240
命令: _extrude   /*拉伸门洞模型*/
当前线框密度: isolines=12，闭合轮廓创建模式 = 实体
选择要拉伸的对象或 [模式(MO)]: _MO
闭合轮廓创建模式 [实体(SO)/曲面(SU)] <实体>: _SO
选择要拉伸的对象或 [模式(MO)]: 找到 1 个
选择要拉伸的对象或 [模式(MO)]:
指定拉伸的高度或 [方向(D)/路径(P)/倾斜角(T)/表达式(E)] <3000.0000>: 2100
              /*指定门的高度*/
命令: _rectang   /*绘制窗洞矩形*/
指定第一个角点或 [倒角(C)/标高(E)/圆角(F)/厚度(T)/宽度(W)]:
指定另一个角点或 [面积(A)/尺寸(D)/旋转(R)]: @1800,240
命令: _extrude   /*拉伸窗洞模型*/
当前线框密度: ISOLINES=12，闭合轮廓创建模式 = 实体
选择要拉伸的对象或 [模式(MO)]: _MO
闭合轮廓创建模式 [实体(SO)/曲面(SU)] <实体>: _SO
选择要拉伸的对象或 [模式(MO)]: 找到 1 个

选择要拉伸的对象或 [模式(MO)]:
指定拉伸的高度或 [方向(D)/路径(P)/倾斜角(T)/表达式(E)] <2100.0000>: 1500

                                                   /*指定窗的高度*/

命令: _view
输入选项 [?/删除(D)/正交(O)/恢复(R)/保存(S)/设置(E)/窗口(W)]: _TOP
正在重生成模型。   /*切换到俯视图*/
命令: _move   /*将门洞模型移动到墙体上*/
选择对象: 找到 1 个
选择对象:
指定基点或 [位移(D)] <位移>:
指定第二个点或 <使用第一个点作为位移>:
命令: _move   /*将窗洞模型移动到墙体上*/
选择对象: 找到 1 个
选择对象:
指定基点或 [位移(D)] <位移>:
指定第二个点或 <使用第一个点作为位移>:
命令: _move   /*调整窗洞在墙体上的水平位置*/
选择对象: 找到 1 个
选择对象:
指定基点或 [位移(D)] <位移>:
指定第二个点或 <使用第一个点作为位移>: 1500
命令: _view 输入选项 [?/删除(D)/正交(O)/恢复(R)/保存(S)/设置(E)/窗口(W)]: _FRONT
正在重生成模型。   /*切换到前视图*/
命令: _move   /*调整窗洞在墙体上的正面位置*/
选择对象: 找到 1 个
选择对象:
指定基点或 [位移(D)] <位移>:
指定第二个点或 <使用第一个点作为位移>: 900
命令: _mirror   /*在前视图中将窗洞进行镜像*/
选择对象: 找到 1 个
选择对象: 指定镜像线的第一点: 指定镜像线的第二点:
要删除源对象吗? [是(Y)/否(N)] <N>:
命令: _-view
输入选项 [?/删除(D)/正交(O)/恢复(R)/保存(S)/设置(E)/窗口(W)]: _SWISO
正在重生成模型。   /*切换到西南等轴测图*/
命令: _mirror3d   /*将窗洞进行三维镜像*/
选择对象: 找到 1 个
选择对象: 找到 1 个，总计 2 个
选择对象:
指定镜像平面 (三点) 的第一个点或[对象(O)/最近的(L)/Z 轴(Z)/视图(V)/XY 平面(XY)/YZ 平面(YZ)/ZX 平面(ZX)/三点(3)] <三点>: 在镜像平面上指定第二点: 在镜像平面上指定第三点:
是否删除源对象? [是(Y)/否(N)] <否>:
命令: _subtract 选择要从中减去的实体、曲面和面域...

                                            /*利用差集在墙体上扣除门窗*/

选择对象: 找到 1 个
选择对象: 选择要减去的实体、曲面和面域...
选择对象: 找到 1 个

146

选择对象: 找到 1 个，总计 2 个
选择对象: 找到 1 个，总计 3 个
选择对象: 找到 1 个，总计 4 个
选择对象: 找到 1 个，总计 5 个
命令: _rectang   /*绘制玻璃矩形*/
指定第一个角点或 [倒角(C)/标高(E)/圆角(F)/厚度(T)/宽度(W)]:
指定另一个角点或 [面积(A)/尺寸(D)/旋转(R)]: @1800,60
命令: _extrude   /*拉伸玻璃模型*/
当前线框密度: isolines=12，闭合轮廓创建模式 = 实体
选择要拉伸的对象或 [模式(MO)]: _MO
闭合轮廓创建模式 [实体(SO)/曲面(SU)] <实体>: _SO
选择要拉伸的对象或 [模式(MO)]: 找到 1 个
选择要拉伸的对象或 [模式(MO)]:
指定拉伸的高度或 [方向(D)/路径(P)/倾斜角(T)/表达式(E)] <1500.0000>: 1500
                                                                  /*指定玻璃的高度*/
命令: _move   /*将玻璃模型移动到窗洞上*/
选择对象: 找到 1 个
选择对象:
指定基点或 [位移(D)] <位移>:
指定第二个点或 <使用第一个点作为位移>:
命令: _copy   /*将玻璃模型复制到其他三个窗洞上*/
选择对象: 找到 1 个
选择对象:
当前设置: 复制模式 = 多个
指定基点或 [位移(D)/模式(O)] <位移>:
指定第二个点或 [阵列(A)] <使用第一个点作为位移>:
指定第二个点或 [阵列(A)/退出(E)/放弃(U)] <退出>:
指定第二个点或 [阵列(A)/退出(E)/放弃(U)] <退出>:
指定第二个点或 [阵列(A)/退出(E)/放弃(U)] <退出>:

2）完成建筑的两层效果图，如图 9-37 所示。

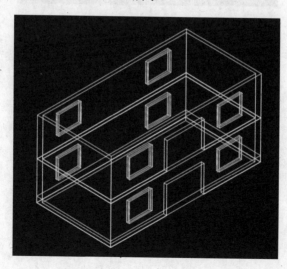

图 9-37　建筑的两层效果图

命令行操作如下：

命令: _copy
选择对象: 指定对角点: 找到 5 个
选择对象:
当前设置: 复制模式 = 多个
指定基点或 [位移(D)/模式(O)] <位移>:
指定第二个点或 [阵列(A)] <使用第一个点作为位移>:
指定第二个点或 [阵列(A)/退出(E)/放弃(U)] <退出>:
命令: _extrude   /*拉伸完成建筑底层楼板的绘制*/
当前线框密度: isolines=12，闭合轮廓创建模式 = 实体
选择要拉伸的对象或 [模式(MO)]: _MO
闭合轮廓创建模式 [实体(SO)/曲面(SU)] <实体>: _SO
选择要拉伸的对象或 [模式(MO)]: 找到 1 个
选择要拉伸的对象或 [模式(MO)]:
指定拉伸的高度或 [方向(D)/路径(P)/倾斜角(T)/表达式(E)] <300.0000>: 450

3）绘制阳台，如图 9-38 所示。

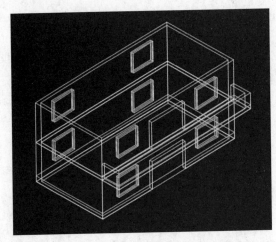

图 9-38　完成阳台绘制的建筑效果图

命令行操作如下：

命令: _view
输入选项 [?/删除(D)/正交(O)/恢复(R)/保存(S)/设置(E)/窗口(W)]: _TOP
正在重生成模型。   /*切换到俯视图*/
命令: _rectang   /*绘制阳台的两个矩形*/
指定第一个角点或 [倒角(C)/标高(E)/圆角(F)/厚度(T)/宽度(W)]:
指定另一个角点或 [面积(A)/尺寸(D)/旋转(R)]: @12000,1500
命令: _rectang
指定第一个角点或 [倒角(C)/标高(E)/圆角(F)/厚度(T)/宽度(W)]:
指定另一个角点或 [面积(A)/尺寸(D)/旋转(R)]: @11520,1260
命令: _move   /*调整阳台的水平位置*/
选择对象: 找到 1 个
选择对象:
指定基点或 [位移(D)] <位移>:

指定第二个点或 <使用第一个点作为位移>:
命令: _view
输入选项 [?/删除(D)/正交(O)/恢复(R)/保存(S)/设置(E)/窗口(W)]:_SWISO
正在重生成模型。　　　　　　　　　　　　　　/*切换到西南等轴测图*/
命令: _extrude　　　　　　　　　　　　　　　/*拉伸阳台模型*/
当前线框密度: ISOLINES=12，闭合轮廓创建模式 = 实体
选择要拉伸的对象或 [模式(MO)]: _MO
闭合轮廓创建模式 [实体(SO)/曲面(SU)] <实体>: _SO
选择要拉伸的对象或 [模式(MO)]: 找到 1 个
选择要拉伸的对象或 [模式(MO)]: 找到 1 个，总计 2 个
选择要拉伸的对象或 [模式(MO)]:
指定拉伸的高度或 [方向(D)/路径(P)/倾斜角(T)/表达式(E)] <1200.0000>: 1200
　　　　　　　　　　　　　　　　　　　　　/*指定阳台高度*/

命令: _subtract 选择要从中减去的实体、曲面和面域...
选择对象: 找到 1 个
选择对象: 选择要减去的实体、曲面和面域...
选择对象: 找到 1 个
选择对象:　　　　　　　　　　　　　　　　　/* 利用差集完成阳台护栏的绘制*/
命令: _extrude　　　　　　　　　　　　　　　/*拉伸阳台楼板*/
当前线框密度: isolines=12，闭合轮廓创建模式 = 实体
选择要拉伸的对象或 [模式(MO)]: _MO 闭合轮廓创建模式 [实体(SO)/曲面(SU)] <实体>: _SO
选择要拉伸的对象或 [模式(MO)]: 找到 1 个
选择要拉伸的对象或 [模式(MO)]:
指定拉伸的高度或 [方向(D)/路径(P)/倾斜角(T)/表达式(E)] <1200.0000>: 300
　　　　　　　　　　　　　　　　　　　　　/*指定阳台楼板的厚度*/
命令: _move　　　　　　　　　　　　　　　　/*将阳台模型移动到墙体上*/
选择对象: 指定对角点: 找到 1 个
选择对象: m
选择对象:
指定基点或 [位移(D)] <位移>:
指定第二个点或 <使用第一个点作为位移>:

4) 绘制台阶，如图 9-39 所示。

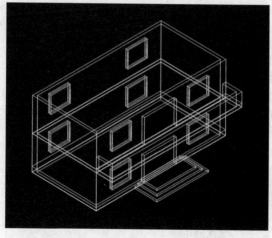

图 9-39　完成台阶绘制的建筑效果图

命令行操作如下:

命令: _view

输入选项 [?/删除(D)/正交(O)/恢复(R)/保存(S)/设置(E)/窗口(W)]: _TOP

正在重生成模型。　　　　　　　　　　　　/*切换到俯视图*/

命令: _rectang　　　　　　　　　　　　　　/*绘制台阶的三个矩形*/

指定第一个角点或 [倒角(C)/标高(E)/圆角(F)/厚度(T)/宽度(W)]:

指定另一个角点或 [面积(A)/尺寸(D)/旋转(R)]: @3600,1500

命令: _rectang

指定第一个角点或 [倒角(C)/标高(E)/圆角(F)/厚度(T)/宽度(W)]:

指定另一个角点或 [面积(A)/尺寸(D)/旋转(R)]: @4200,1800

命令: _rectang

指定第一个角点或 [倒角(C)/标高(E)/圆角(F)/厚度(T)/宽度(W)]:

指定另一个角点或 [面积(A)/尺寸(D)/旋转(R)]: @4800,2100

指定另一个角点或 [面积(A)/尺寸(D)/旋转(R)]: @4800,2100

命令: _move　　　　　　　　　　　　　　/*调整台阶的水平位置*/

选择对象: 找到 1 个

选择对象:

指定基点或 [位移(D)] <位移>:

指定第二个点或 <使用第一个点作为位移>:

命令: _move　　　　　　　　　　　　　　/*调整台阶的水平位置*/

选择对象: 找到 1 个

选择对象:

指定基点或 [位移(D)] <位移>:

指定第二个点或 <使用第一个点作为位移>:

命令: _view 输入选项 [?/删除(D)/正交(O)/恢复(R)/保存(S)/设置(E)/窗口(W)]:_SWISO

正在重生成模型。　　　　　　　　　　　　/*切换到西南等轴测图*/

命令: _extrude　　　　　　　　　　　　　/*拉伸第一阶台阶的模型*/

当前线框密度: isolines=12，闭合轮廓创建模式 = 实体

选择要拉伸的对象或 [模式(MO)]: _MO

闭合轮廓创建模式 [实体(SO)/曲面(SU)] <实体>:_SO

选择要拉伸的对象或 [模式(MO)]: 找到 1 个

选择要拉伸的对象或 [模式(MO)]:

指定拉伸的高度或 [方向(D)/路径(P)/倾斜角(T)/表达式(E)] <1500.0000>: -150

命令: _extrude　　　　　　　　　　　　　/*拉伸第二阶台阶的模型*/

当前线框密度: isolines=12，闭合轮廓创建模式 = 实体

选择要拉伸的对象或 [模式(MO)]: _MO

闭合轮廓创建模式 [实体(SO)/曲面(SU)] <实体>:_SO

选择要拉伸的对象或 [模式(MO)]: 找到 1 个

选择要拉伸的对象或 [模式(MO)]:

指定拉伸的高度或 [方向(D)/路径(P)/倾斜角(T)/表达式(E)] <-150.0000>: 150

命令: _extrude　　　　　　　　　　　　　/*拉伸第三阶台阶的模型*/

当前线框密度: isolines=12，闭合轮廓创建模式 = 实体

选择要拉伸的对象或 [模式(MO)]: _MO

闭合轮廓创建模式 [实体(SO)/曲面(SU)] <实体>:_SO

选择要拉伸的对象或 [模式(MO)]: 找到 1 个

选择要拉伸的对象或 [模式(MO)]:

指定拉伸的高度或 [方向(D)/路径(P)/倾斜角(T)/表达式(E)] <150.0000>: 150
命令: _move 找到 1 个　　　　　　　　　 /*调整第三阶台阶的位置*/
指定基点或 [位移(D)] <位移>:
指定第二个点或 <使用第一个点作为位移>:
命令: _move　　　　　　　　　　　　 /*将台阶模型移动到墙体上*/
选择对象: 指定对角点: 找到 3 个
选择对象:
指定基点或 [位移(D)] <位移>:
指定第二个点或 <使用第一个点作为位移>:

5）合并建筑的各个构件，如图 9-40 所示。

图 9-40　合并建筑构件后的建筑效果图

命令行操作如下：

命令: _union　　　　　　 /*利用并集将建筑的门窗、阳台和台阶合并成一个实体*/
选择对象: 指定对角点: 找到 8 个
选择对象:

6）调整视觉样式。在"常用"选项卡中选择"视图"面板的"视觉样式管理器"命令，单击"着色"视觉样式功能，得到结果如图 9-35 所示。

小结

本项目主要介绍了长方体、球体、圆柱体、圆锥体等基本三维实体的绘制命令以及通过二维图形编辑成三维实体的常用命令，学习了布尔运算用于三维实体的编辑命令和常用的三维编辑和三维修改命令。通过实际案例的学习，希望读者掌握三维实体的绘制和编辑命令，能够绘制简单的三维建筑实体。

项目 10   材质与渲染

本项目要点

- AutoCAD 2015 三维实体的材质与贴图（设置光源、设置材质、设置贴图）
- AutoCAD 2015 三维实体的渲染（高级渲染设置、渲染）
- 绘制建筑实体的阳光效果、建筑实体的外观表达、建筑实体的渲染、创建电视塔的三维效果图实战训练

任务 10.1   建筑实体的阳光效果——学习设置光源

建筑实体设置阳光效果前后的对比图，如图 10-1 所示。

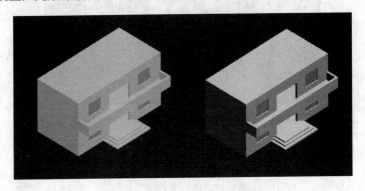

图 10-1   建筑实体的阳光效果示例

10.1.1   案例制作——建筑实体的阳光效果

步骤 1：打开建筑实体的三维效果图。如图 10-1 中左图所示。

执行方式：选择"文件"→"打开"命令，在弹出的"选择文件"对话框中选择"建筑实体的三维效果图.dwg"文件。

步骤 2：设置阳光特性。

1）执行方式：选择"视图"→"渲染"→"光源"→"阳光特性"命令，或在"可视化"选项卡中选择"阳光和位置"面板的"阳光特性"命令，如图 10-2 所示。

2）执行命令后，弹出"阳光特性"选项板，如图 10-3 所示。

3）在"常规"面板中修改"状态"，在"状态"下拉列表中选择"开"，即可得到图 10-1 中右图所示的效果。

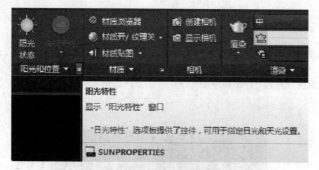

图 10-2　阳光特性命令

图 10-3　"阳光特性"选项板

10.1.2　知识点回顾——设置光源

（1）创建点光源

① 执行方式：选择"视图"→"渲染"→"光源"→"新建点光源"命令，或在"可视化"选项卡中选择"光源"面板的"创建点光源"命令，如图 10-4 所示。

图 10-4　创建点光源命令

② 执行命令后，进行创建点光源操作，示例如图 10-5 所示。命令行操作如下：

命令: _pointlight
指定源位置 <0,0,0>:
输入要更改的选项 [名称(N)/强度(I)/状态(S)/阴影(W)/衰减(A)/颜色(C)/退出(X)]
<退出>:

图 10-5　创建点光源示例

（2）创建聚光灯

① 执行方式：选择"视图"→"渲染"→"光源"→"新建聚光灯"命令，或在"可视化"选项卡中选择"光源"面板的"创建聚光灯"命令，如图 10-6 所示。

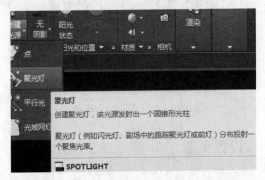

图 10-6　创建聚光灯命令

② 执行命令后，进行创建聚光灯操作，示例如图 10-7 所示。命令行操作如下：

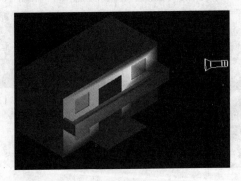

图 10-7　创建聚光灯示例

命令: _spotlight
指定源位置 <0,0,0>:
指定目标位置 <0,0,-10>:
输入要更改的选项 [名称(N)/强度(I)/状态(S)/聚光角(H)/照射角(F)/阴影(W)/衰减(A)/颜色(C)/退出(X)] <退出>:

（3）创建平行光

① 执行方式：选择"视图"→"渲染"→"光源"→"新建平行光"命令，或在"可视化"选项卡中选择"光源"面板的"创建平行光"命令，如图10-8所示。

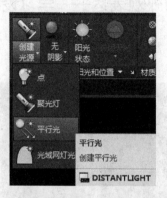

图10-8　创建平行光命令

② 执行命令后，进行创建平行光操作，示例如图10-9所示。命令行操作如下：

命令: _distantlight
指定光源来向 <0,0,0> 或 [矢量(V)]:
指定光源去向 <1,1,1>:
输入要更改的选项 [名称(N)/强度(I)/状态(S)/阴影(W)/颜色(C)/退出(X)] <退出>:

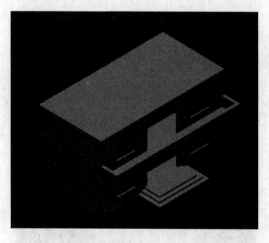

图10-9　创建平行光示例

（4）设置阳光

① 执行方式：选择"视图"→"渲染"→"光源"→"阳光特性"命令，或在"可视

化"选项卡中选择"阳光和位置"面板的"阳光特性"命令，如图 10-2 所示。

② 执行命令后，弹出"阳光特性"选项板，如图 10-3 所示。"阳光特性"选项板主要分为"常规""天光特性"及"地理位置"3 个面板。

"常规"面板：设置阳光的基本特性，例如打开和关闭、强度因子等。

"天光特性"面板：主要用于设置天光强度、地平线、太阳圆盘外观和夜间颜色等。

"地理位置"面板：用于显示当前地理位置，为只读面板。

任务 10.2　建筑实体的外观表达——学习设置材质与贴图

对三维图形对象设置材质与贴图，可以更真实地表达图形的外观。如图 10-10 所示建筑实体的外观效果图示例。

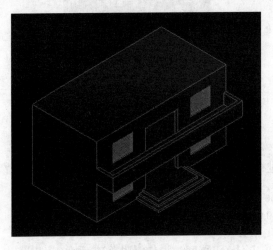

图 10-10　建筑实体的外观效果图

10.2.1　案例制作——建筑实体的外观表达

步骤 1：打开建筑实体的三维效果图。如图 10-11 所示。

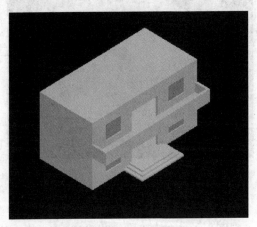

图 10-11　建筑实体的三维效果图

执行方式：选择"文件"→"打开"命令，在弹出的"选择文件"对话框中选择"建筑实体的三维效果图.dwg"文件。

步骤2：附着材质。

1）选择"视图"→"渲染"→"材质浏览器"命令，打开"材质浏览器"选项板，如图10-12所示。

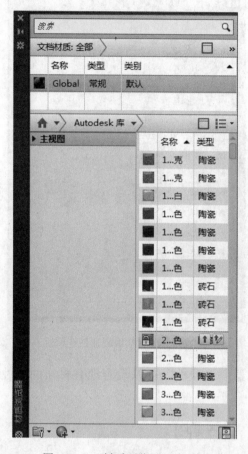

图10-12 "材质浏览器"选项板

2）选择需要的材质类型，直接拖动到对象上，即可为对象附着材质。

3）将视觉样式转换成"真实"时，显示出附着材质后的图形。如图10-10所示。

10.2.2 知识点回顾——设置材质

（1）附着材质

① 选择"视图"→"渲染"→"材质浏览器"命令，打开"材质浏览器"选项板。

② 选择需要的材质类型，直接拖动到对象上，即可为对象附着材质。

③ 将视觉样式转换成"真实"时，显示出附着材质后的图形。

（2）设置材质

① 选择"视图"→"渲染"→"材质编辑器"命令，打开"材质编辑器"选项板，如图10-13所示。

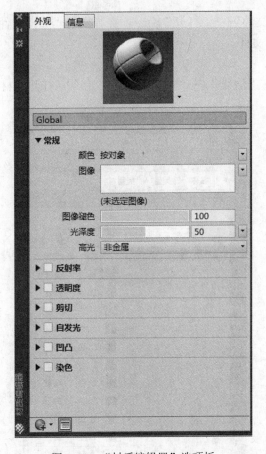

图 10-13 "材质编辑器"选项板

② 通过"材质编辑器"选项板，可以设置现有材质的属性等有关参数或自定义新材质。

10.2.3 知识点回顾——设置贴图

（1）执行方式

① 选择"视图"→"渲染"→"贴图"命令，如图 10-14 所示。

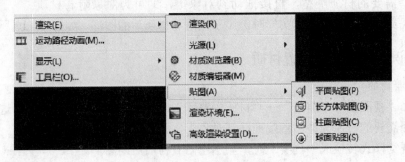

图 10-14 贴图子菜单

② 选择"可视化"选项卡中"材质"面板中的"材质贴图"命令，如图 10-15 所示。

图 10-15　贴图命令

（2）操作步骤

命令行操作如下：

命令：_materialmap
选择选项 [长方体(B)/平面(P)/球面(S)/柱面(C)/复制贴图至(Y)/重置贴图(R)] <长方体>：_p
选择面或对象：找到 1 个
选择面或对象：
接受贴图或 [移动(M)/旋转(R)/重置(T)/切换贴图模式(W)]：

任务 10.3　建筑实体的渲染——学习渲染环境

建筑实体的渲染效果如图 10-16 所示。

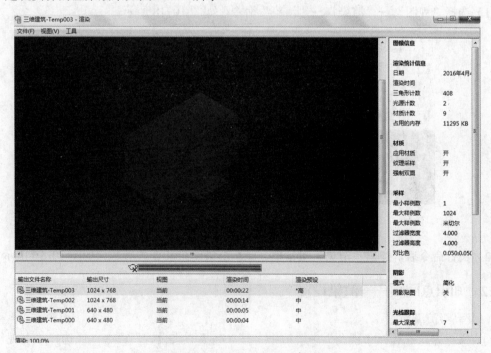

图 10-16　建筑实体渲染效果

10.3.1 案例制作——建筑实体的渲染

步骤1：打开附着材质后的建筑三维实体，如图10-17所示。

执行方式：选择"文件"→"打开"命令，在弹出的"选择文件"对话框中选择"建筑实体的外观效果图.dwg"文件。

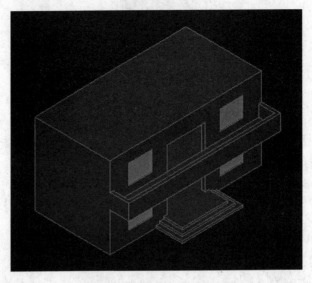

图10-17 建筑实体的外观效果

步骤2：渲染建筑实体

1）选择"视图"→"渲染"→"渲染"命令，如图10-18所示。

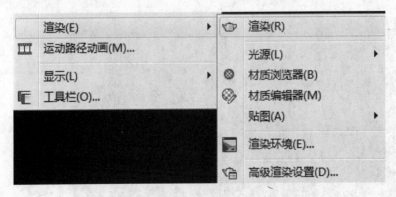

图10-18 渲染子菜单

2）执行命令后，弹出"渲染"对话框，显示渲染结果和相关参数。如图10-16所示。

10.3.2 知识点回顾——渲染设置

（1）高级渲染设置

① 执行方式：选择"视图"→"渲染"→"高级渲染设置"命令，或选择"可视化"选项卡中"渲染"面板中的"高级渲染设置"命令，如图10-19所示。

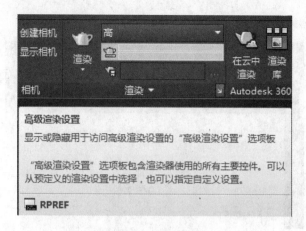

图 10-19 高级渲染命令

② 执行命令后，弹出"高级渲染设置"选项板，通过该选项板可以设置渲染的有关参数。如图 10-20 所示。

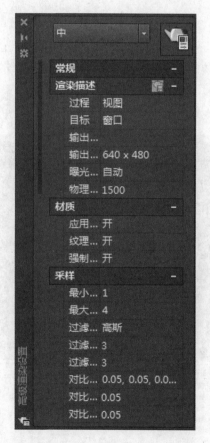

图 10-20 "高级渲染设置"选项板

（2）渲染操作

① 执行方式：选择"视图"→"渲染"→"渲染"命令，或选择"可视化"选项卡中

"渲染"面板中的"渲染"命令，如图 10-21 所示。

图 10-21　渲染命令

② 执行命令后，系统打开"渲染"对话框，即可显示渲染结果和相关参数。

实战训练

利用前面介绍的三维实体的绘图与编辑命令，创建电视塔的三维效果图，再利用材质与渲染编辑命令，渲染电视塔的三维效果图，如图 10-22 所示。

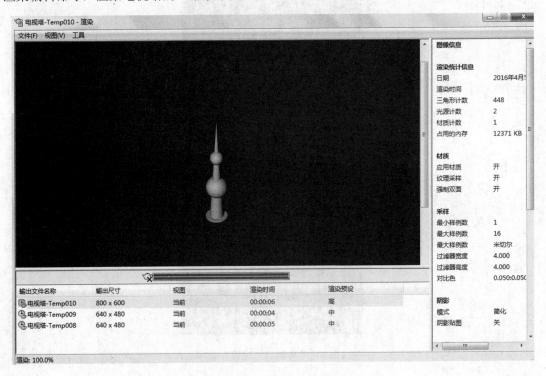

图 10-22　电视塔渲染效果图

1）创建电视塔三维实体，如图 10-23 所示。绘制电视塔的步骤见任务 9.1。

图 10-23　电视塔三维实体效果图

2）附着材质，如图 10-24 所示。

① 选择"视图"→"渲染"→"材质浏览器"命令，打开"材质浏览器"选项板，如图 10-25 所示。

图 10-24　电视塔的外观效果　　　　　图 10-25　"材质浏览器"选项板

② 将选择的材质类型，直接拖动到对象上，即可为对象附着材质。

③ 将视觉样式转换成"真实"时，显示出附着材质后的图形。如图 10-24 所示。

3）设置光源，如图 10-26 所示。

① 执行方式：选择"视图"→"渲染"→"光源"→"新建点光源"命令，或在"可视化"选项卡中选择"光源"面板的"创建点光源"命令，如图 10-27 所示。

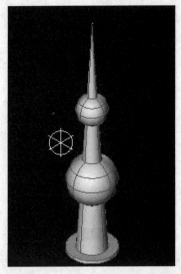

图 10-26 电视塔光源设置效果图

图 10-27 创建点光源命令

② 执行命令后，如图 10-26 所示。命令行操作如下：

命令: _pointlight
指定源位置 <0,0,0>:
输入要更改的选项 [名称(N)/强度(I)/状态(S)/阴影(W)/衰减(A)/颜色(C)/退出(X)] <退出>:

4）渲染电视塔

① 执行方式：选择"视图"→"渲染"→"渲染"命令，如图 10-28 所示。

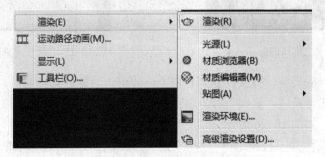

图 10-28 渲染子菜单

② 执行命令后，弹出"渲染"对话框，显示渲染结果和相关参数。

小结

本项目主要介绍了三维实体的材质与渲染的常用编辑命令，包括光源设置、材质与贴图设置和渲染设置等。通过实际案例的学习，读者掌握三维实体的材质与渲染命令，能够渲染简单的三维建筑实体。

项目11 绘制别墅平面图

本项目要点

● 简单介绍建筑平面图的绘图要求。

● 综合使用前面各项目学过的 AutoCAD 命令，绘制建筑图的轴网、建筑元素、文字说明等，形成建筑平面图。应用的命令包括：图层命令，直线命令，偏移命令，多线命令，文字编辑，块命令等。

本项目将通过绘制一栋别墅的平面图，介绍 AutoCAD 在建筑绘图中的应用。一套合格的建筑图纸，要符合行业的制图标准，要清晰、全面地表达所需的建筑要素。本项目先简单介绍一下建筑图纸的制图要求和图纸主要要素，再详细介绍平面图绘制方法。

建筑平面图表达的是建筑平面的水平投影图，要包含建筑轴线、尺寸标注、文字说明、平面布局与功能分区、墙柱、门窗、楼梯与台阶、家具图例等信息。为了完整地表达上述信息，普通楼层的平面图，表示的是离楼面一定高度的水平剖切平面投影图，如通常的窗台高度为 900～1000mm，为了在平面图中包含窗户的信息，通常会在距离楼面或者地面 1200mm 的高度水平面进行剖切，剖切面穿过窗户，再绘制本剖切面的水平投影。对于屋顶，则是绘制屋顶的水平投影图即可。

本项目绘制的是一个 2 层的独栋小别墅，分别绘制首层平面图、二层平面图与屋顶平面图。二层楼面标高 3.2m，一层到二层楼梯 20 步，每步高度 160mm。屋面为四面坡屋顶。绘图比例 1:1，尺寸单位 mm（本项目中单位 mm 省略），标高单位为 m。本项目的完成图如图 11-1～图 11-3 所示。

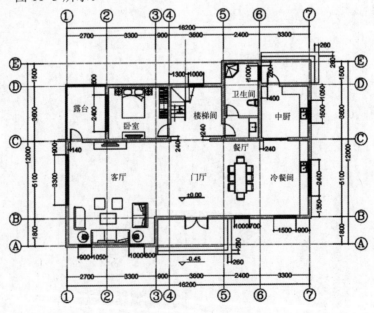

图 11-1 别墅首层平面图

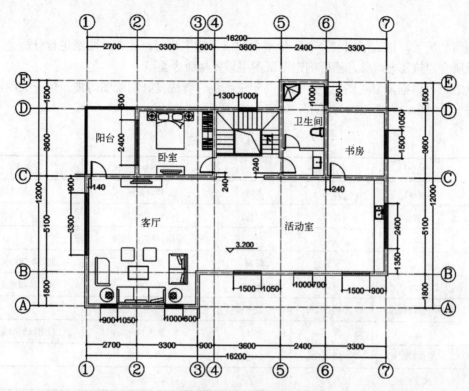

图 11-2　别墅二层平面图

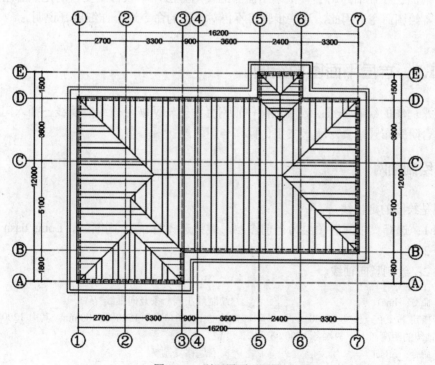

图 11-3　别墅屋顶平面图

通常情况下，正式绘图前会有一份概念图或者建筑草图。读者对图纸进行分析之后，明确图纸所含建筑要素对象，然后确定图纸图层设置与命令类型。

读者可以根据需要对图层进行命名与定义颜色，养成良好的绘图习惯，每一类图形对象绘制在一个层上，方便编辑与显示。如表 11-1 所示。

表 11-1　图层设置

编号	图纸对象	图层名称	图层颜色	用到的命令或操作	备注
1	轴线	轴网	灰色	直线，偏移	使用间断线
2	轴网标注	标注	绿色	标注，块操作	
3	墙体	墙	黄色	多线，修剪，延伸	
4	门	门	随块	插入块	使用块图形文件
5	窗户	窗	随块	插入块	使用块图形文件
6	楼梯台阶	楼梯	蓝色	直线，修剪，延伸	
7	家具	家具	随块	插入块	使用块图形文件
8	屋顶与瓦片	屋顶	白色	直线、填充	
9	文字标注	text	白色	文字输入	

鉴于前面已经详细介绍了各个绘图命令的使用方法，本项目主要目的是熟悉绘图流程、综合使用各绘图命令。因此，某些步骤将不再对单独的命令逐个详细展开说明。

任务 11.1　首层平面图的绘制

首层平面图的绘制步骤：绘制轴网→轴网标注→轴网编号→绘制墙线→插入门、窗→绘制楼梯与台阶→布置家具→输入文字、标高与图名。

11.1.1　绘制轴网

轴网是绘图的定位线。

步骤 1：选择"轴网"图层为当前图层，线型选择"长点、间断线，Long dash dot"，线型比例为 20。

步骤 2：绘制竖向轴线。

```
命令: _line                    /*绘制最左侧一条竖向轴线*/
指定下一点: 长度 15000          /*长度 12000+1500+1500=15000mm，其中 12000 为最外侧
水平轴线的距离，上下两端各 1500 的延长长度*/
命令: _offset                  /*向右偏移复制*/
指定偏移距离: 2700
选择对象:                      /*选择竖向轴线*/
```

依次执行 offset 命令，偏移 3300，900，3600，2400，3300，绘制竖向轴线。

步骤 3：绘制水平轴线。

连接竖向轴线的最下端，绘制一条辅助线，然后向上偏移 1500，绘制第一条水平轴线，再依次使用偏移命令 offset，按照图纸所示距离，分别偏移 1800，5100，3600，1500。删除辅助线，选定所有水平轴线，使用 stretch 命令，将水平轴线两端各延伸 1500。

命令：_line	/*绘制最下端辅助线*/
命令：_offset	/*向上偏移复制*/
命令：_stretch	/*延伸水平轴线*/
选择对象：鼠标选择所有水平轴线	/*选择所有水平轴线*/
选择基点：单击水平轴线左侧附近的任意一点	/*选择一个基点*/
指定第二个点：鼠标水平向左移动，然后输入 1500	/*输入延伸距离*/

同理，可以将水平轴线向右延伸 1500，轴网形成。

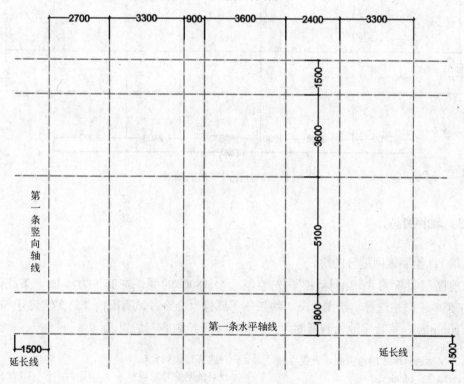

图 11-4　绘制轴网

11.1.2　尺寸标注

当前图层选为"轴网标注"。可以选择线性标注，或者快速标注命令，对轴网进行尺寸标注。要标注每相邻的轴线间的距离，以及两根最外侧的轴线间的距离，在轴网的上下左右均进行标注。

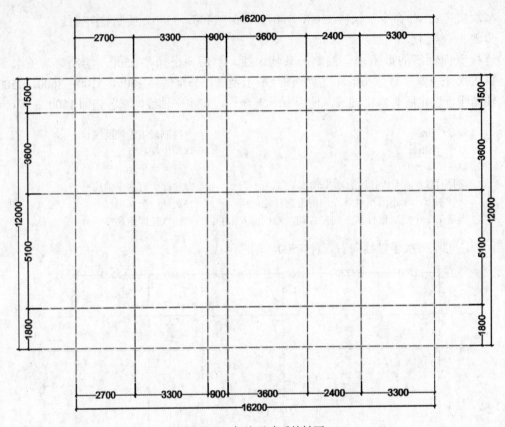

图 11-5　标注尺寸后的轴网

11.1.3　轴网编号

步骤 1：绘制轴网编号的块。

当前图层设置为"轴网标注"。先绘制一个 $\phi 800$ 的圆，在其下方添加一条线，长度 900。在菜单工具栏选择"绘图"→"块"→"属性"命令，填写圈内 1，文字尺寸 500；字体选择 complex。将数字放入到圆圈内。再将刚才所绘内容写成块。

```
鼠标选择刚才所绘圆圈、直线与编号      /*选择写块对象*/
命令：_block                        /*对轴网编号写块*/
输入名称：上部编号                   /*对上部轴网编号命名*/
```

步骤 2：复制到轴网末端并编号。

将该块多次复制到轴线上端，单击数字便可改动，对轴线进行编号。同理，轴线下侧、左侧、右侧均依次进行编号。竖向轴线用数字，由左向右变大。水平轴线编号用字母，自下而上变大。如图 11-6 所示。

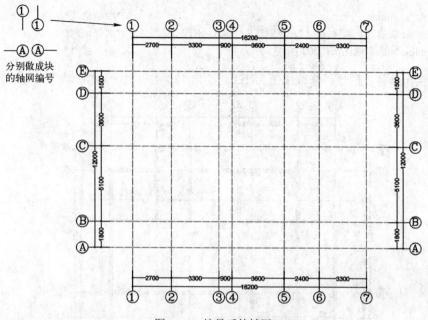

图 11-6　编号后的轴网

11.1.4　绘制墙线

当前图层设置为"墙"。外墙与隔墙厚度均为 200，卫生间隔墙 120。为了便于准确定位，需要在轴网插入辅助轴线。如图 11-8 所示辅助线 1、2，分别用于绘制墙垛与卫生间隔墙。可以通过 offset 命令，从原轴网上进行偏移复制。绘制墙线，通过多线命令 mline。

步骤 1：修改多线样式。

执行"多线样式"命令 mlstyle，将多线样式进行修改，起点与端点的封口设置为直线，如图 11-7 所示。然后再用 mline 命令绘制墙线。

命令: _mlstyle　　　　　　　　　　　　/*多线样式进行修改*/

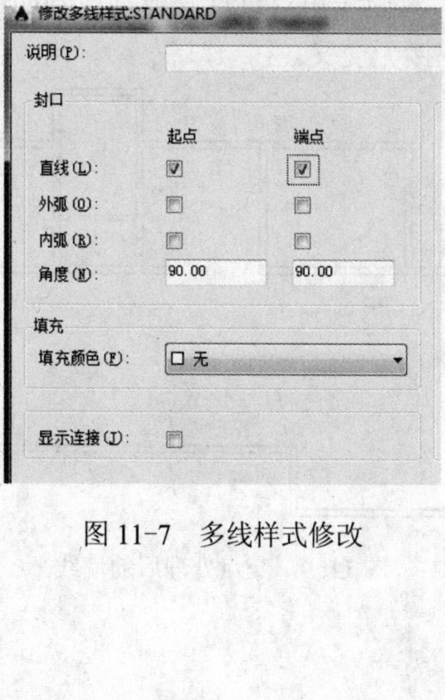

图 11-7　多线样式修改

步骤 2：绘制墙线。

命令: _mline   /*绘制墙线*/

mline 选择起点或[对正（J）比例（S）样式（ST）:S   /*选择比例*/

mline 输入多线比例：200   /*输入墙厚*/

依次绘出墙体。同理，修改比例为120，绘出120的卫生间隔墙。如图11-8所示。

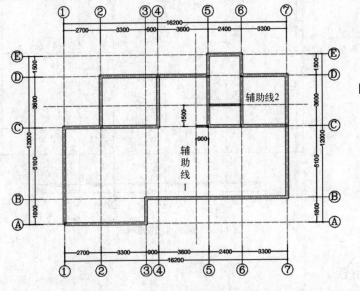

图 11-8　绘制墙线

步骤 3：墙线交点修剪。

图 11-8 中，墙线的交点，如 4 轴与 D 轴的交点，墙线在交点处有交叉，需要用"多线编辑命令"mledit 进行修剪，输入 mledit，单击"T 形打开"按钮，回到图纸单击"T"形相交的多线。再输入 mledit 命令，对 1 轴与 A 轴的交点，用"角点结合"命令，回到图纸单击直角相交的多线。

不能用 mledit 命令进行交点修剪的，则对图中的多线，执行分解命令 explode，采用延伸命令 ex，倒角命令 fillet 等，对墙线角点进行修剪，达到如图 11-9 所示效果（关闭轴线图层后），即相交的墙线，首尾相接无交叉。

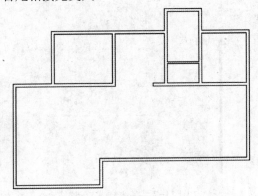

图 11-9　交点处理后的墙线

11.1.5　插入门窗

在图层"门"中绘制门，在图层"window"中绘制窗户。门窗的绘制，通常用现成的门窗图块，然后执行插入命令 insert，插入块图形。每个块文件的基点定位可能不一样，有的是门窗的中点，有的是门窗的边框。在插入门窗时，需要通过辅助线，来确定插入点的位置。本图中用到的门窗块，均附在本书的素材库中，可以调取插入，也可以自行绘制，编辑成块图形文件。

步骤 1：绘制窗户。

先绘制 1 轴的窗，插入块"window3300a.dwg"，块文件的基点在窗框，需要在墙垛边界增加一条辅助线，距离 C 轴 900，以 C 轴与辅助线的交点为插入点，插入该窗。执行 insert 命令。

命令:_insert　　　　　　　　　　　　　　　/*执行插入命令*/

弹出"选择文件"对话框，单击浏览，选择图库路径，找到"window3300-a.dwg"文件，执行插入点命令，"插入点""比例"选项，均选择在屏幕指定。

然后将块文件，按照基点插入到辅助线与轴线的交点。并按照此方法，依次插入其他窗户块文件。如图 11-10 所示。

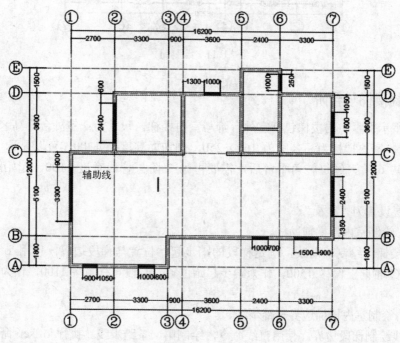

图 11-10　绘制窗户

步骤 2：绘制门。

以 B 轴的入户门为例，添加一条辅助线，距离 5 轴 2550，作为门的块文件的插入基点。使用插入命令，插入门的块图形文件"入户门 1500.dwg"，对门框边缘的墙线，通过画直线、修剪等命令，将门两侧墙端线封闭。

依次完成其他门的绘制，步骤：添加辅助线，确定墙垛的边界，通过插入块，插入其他各个门，修剪门边墙垛。完成结果如图 11-11 所示。

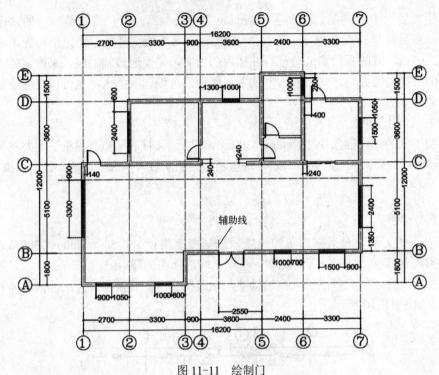

图 11-11　绘制门

11.1.6　绘制楼梯与台阶

本项目所示别墅中的楼梯包括室外台阶与室内楼梯，尺寸为：室外台阶高×宽为 150×260，共三阶，室内楼梯为高×宽为 160×250，剖切面高度为 1200，可以显示 7 个台阶，第一个梯段共 6 阶，经过转角平台后，需要再画 2 阶。梯段宽度 1100，起始踏步距离 C 轴 1500。

当前图层设置为"楼梯"。

步骤 1：绘制室内楼梯辅助线。

画室内楼梯，绘制辅助线，确定梯段的踏步起始位置与梯段边界。使用 offset 偏移命令，分别从 C 轴向上偏移 1500，作为踏步起始位置，4 轴向右偏移 1100，作为第一梯段的边界。

步骤 2：绘制室内楼梯边界与踏步线。

使用直线绘制梯段边界。使用直线命令，绘制第一条踏步线。执行 offset 命令，偏移复制踏步线，间距 250，重复 5 次。

步骤 3：绘制室内楼梯扶手栏杆。

绘制栏杆，使用 offset 命令，将梯段边界线向内平行偏移复制，间距为栏杆宽度 60。栏杆端部，向第一个踏步外面延伸 200。

步骤 4：绘制转角平台。

转角平台尺寸 1100×1100，沿着图中对角线画一踏步线。

步骤 5：绘制第二梯段。

重复步骤 1、2、3 画第二梯段。第二梯段只需画两阶。

步骤 6：绘制剖断线。

用直线命令，绘出剖断线。如图 11-12 所示。

步骤 7：绘制箭头，加文字标注。

绘制箭头方法：先绘制一段竖向直线，再使用多段线命令 pline 如下：

```
命令：_pline                                    /*多段线绘制箭头*/
指定起点：鼠标选择直线段上端                    /*选择箭头尾端位置*/
pline 指定下一点或[圆弧（A）半宽（H）长度（L）放弃（U）宽度(2)]:w
                                               /*指定箭尾宽度*/
pline 指定起点宽度：60                          /*输入箭尾宽度*/
pline 指定端点宽度：0                           /*输入箭尖宽度*/
pline 指定下一点：200                           /*输入箭头长度*/
```

再执行文字输入命令，输入汉字"上"，标注楼梯走向。

步骤 8：绘制室外台阶。

按照图中所示尺寸，使用直线命令，画最内侧的台阶边线，然后通过 offset 命令，画其余的两阶台阶边线，偏移距离为台阶宽度 260，使用"倒角"命令，使同一标高的台阶边线相交，并画台阶端头边线。

步骤 9：绘制露台栏杆。

1-2 轴与 C-D 之间为露台，画露台边线。栏杆由边线向内平移 50，栏杆宽度 60。通过"直线，偏移，修剪"等组合命令完成。

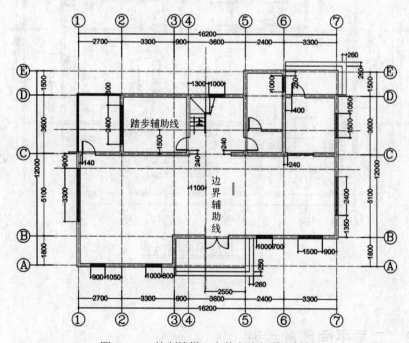

图 11-12　绘制楼梯、室外台阶与露台栏杆

11.1.7 布置家具

家具的绘制，通常用插入块文件的方式，本书附件图形中有相应的家具图块，打开后，采用复制与粘贴的命令，进行绘制，可以通过 scale 命令调整比例。

11.1.8 输入文字、标高与图名

绘制家具完成后，执行文字输入命令 text，样式选用"Standard"，依次在相应的空间里，输入相应的建筑功能名称。

平面图上，还需要输入相应的标高，标高以米为单位，精确到小数点后 2 位。依次输入室内标高为±0.00，室外地坪标高为-0.45。

标高的符号为三角形加一条水平尾线，标高数字标注尾线上面。可用直线命令绘制完成。

输入图名与比例尺，首层平面图完成，如图 11-13 所示。

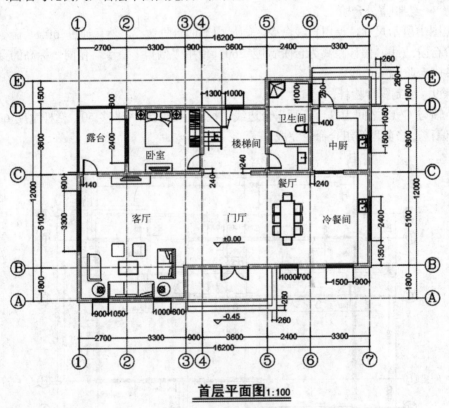

首层平面图1:100

图 11-13　首层平面图

任务 11.2　二层平面图的绘制

将首层平面图的轴网与编号复制过来，依次按照任务 11.1 的顺序绘制墙、门窗、楼梯、

文字标注等步骤。完成结果如图 11-14 所示。

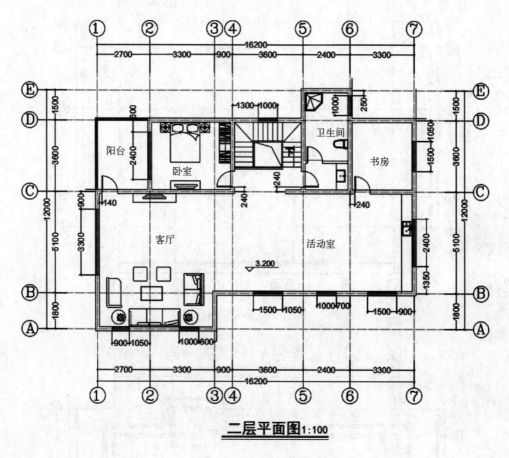

二层平面图 1:100

图 11-14　二层平面图

任务 11.3　屋顶平面图的绘制

11.3.1　绘制屋顶外边线与天沟

步骤 1：绘制轴网与外墙边线。

复制二层的平面轴线，复制外墙+阳台的外边线，并将外边线线型改为虚线，作为屋顶平面图的轴网与参考线。如图 11-15 所示。

步骤 2：绘制屋顶檐口与排水沟。

当前图层设为"屋顶"。将外墙边线向外偏移 200，执行 offset 命令，偏移距离 200，并改成实线，作为天沟的内边缘线，内边缘线向外偏移 400，作为天沟的外边缘线，再偏移 150，表示天沟的沟壁厚度。将四个角的直线相交。如图 11-16 所示。

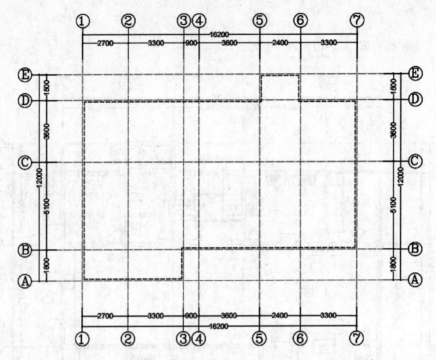

图 11-15　屋顶轴网

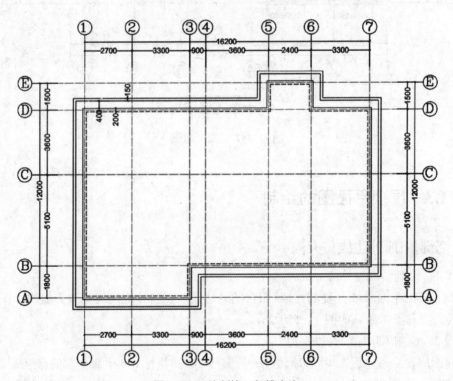

图 11-16　绘制檐口与排水沟

11.3.2 绘制屋脊线

本项目为四面坡屋面,每两个斜屋面的屋面的交线,如位于阳角,则称作脊线。如交线位于阴角,则称作天沟。主要的坡屋面的水平脊线称作屋脊,倾斜的脊线叫做斜脊。斜脊与天沟的投影,图纸上均为45°,两端必有其一指向屋面角部或者屋脊线交点。

步骤1:绘制主屋脊线。

在B轴、D轴的中点,画一条通长的直线,作为屋脊线。如图11-17所示。

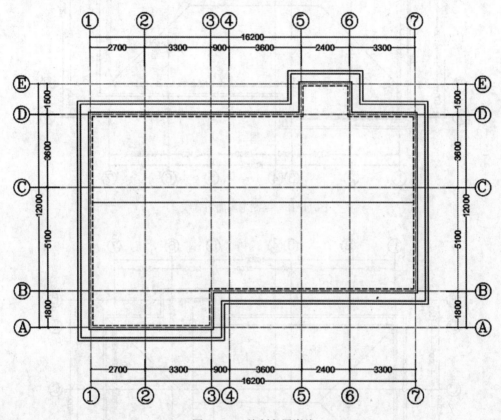

图11-17 绘制主屋脊线

步骤2:绘制主屋面斜脊线。

分别从7轴与B轴交点,7轴与D轴,1轴与D轴的天沟内边缘画45°、135°的斜直线,并交于屋脊线,并由2、3轴之间的交点向1轴引出另外一条斜脊线,并对交点进行修剪。如图11-18所示。

步骤3:绘制小屋面。

在5轴、6轴之间的中点,画小屋脊线。如图11-19所示。由屋面的5、6轴的4个角,引45°斜线,分别绘出斜脊线与天沟,并对交点进行修剪。如图11-20所示。

同理,对1、3轴间的屋面屋脊线进行绘制。如图11-21所示。

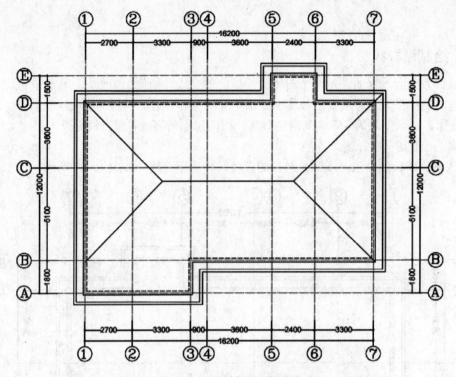

图 11-18　绘制主屋面斜脊线

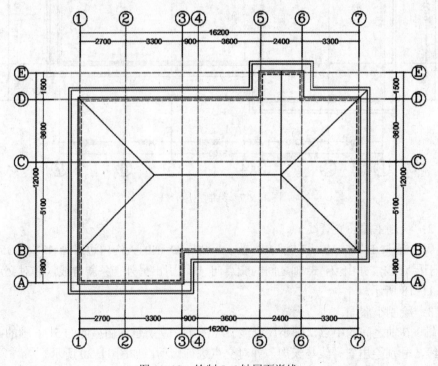

图 11-19　绘制 5-6 轴屋面脊线

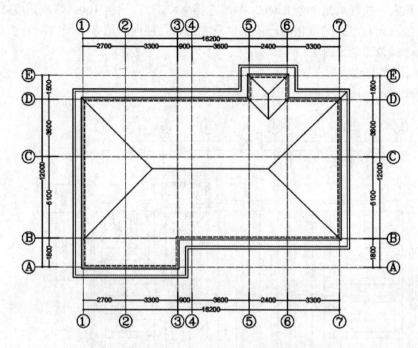

图 11-20　绘制 5-6 轴屋面斜脊线

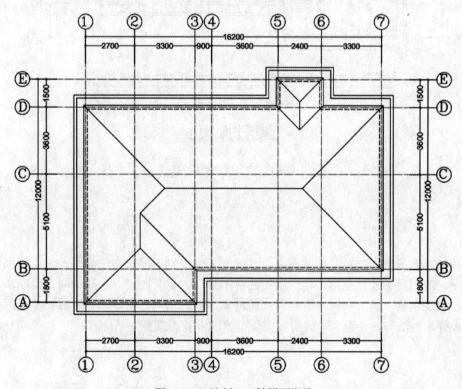

图 11-21　绘制 1-3 轴屋面脊线

步骤 4：屋面填充。

对屋面进行填充，执行填充命令 hatch，图形选择 ANSI32，比例 100，修改角度 45，或者 135，使填充线方向与屋面坡度相同，依次填充完每一片屋面。填充过程中，为了方便选取对象点，可以选择关闭轴线图层。

步骤 5：编写图名与比例尺。

输入图名与比例尺，屋顶平面图完成，如图 11-22 所示。

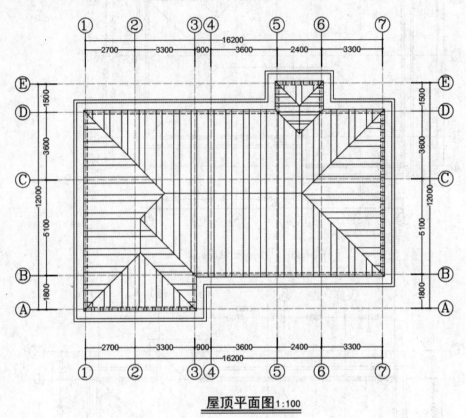

图 11-22　屋顶平面图

小结

本项目综合应用前面章节的绘图命令，绘制了一个别墅的首层平面图、二层平面图、屋顶平面图。本项目的要点包括：建筑制图的基本知识、定义图层、绘制轴网、绘制墙线、绘制门窗、绘制家具以及文字标注等内容。通过本项目的实例，希望读者能够初步了解建筑图的绘制步骤、方法与命令组合，为实际工作中绘制专业图纸打好基础。

参 考 文 献

[1] 刘峰.室内设计施工图 CAD 图集[M]. 北京：中国电力出版社，2010.

[2] 何倩玲，冯强，蔡奕武，等. CAD 2010 基础教程[M]. 北京：中国建筑工业出版社，2011.

[3] 朱立义.AutoCAD 项目化教程[M]. 苏州：苏州大学出版社，2010.

[4] 焦勇.AutoCAD 2007 机械制图入门与实例教程[M]. 北京：机械工业出版社，2008.

[5] 崔然，高静，张莉. 中文版 AutoCAD 2015 基础教程[M]. 北京：清华大学出版社，2016.

[6] 孙玲. 建筑 CAD[M]. 北京：机械工业出版社，2011.

[7] 程晓民.机械 CAD[M]. 北京：机械工业出版社，2004.

[8] 姚允刚.AutoCAD 实用教程[M]. 北京：机械工业出版社，2014.